U0202914

# 建筑绘画及表现图

（第二版）

彭一刚

中国建筑工业出版社

**图书在版编目(CIP)数据**

建筑绘画及表现图/彭一刚著. -2版.—北京:中国建筑工业出版社,1998 (2022.8重印)
ISBN 978-7-112-03481-9

Ⅰ.建… Ⅱ.彭… Ⅲ.建筑艺术-绘画-技法(美术)
Ⅳ.TU204

中国版本图书馆CIP数据核字(97)第28565号

建筑绘画及表现图是建筑师表达创作构思、推敲设计方案的重要手段，是建筑师必备的基本技能。本书主要是为高等学校建筑系师生及从事建筑设计的建筑师为学习掌握建筑绘画及建筑表现图的技巧而编写的。书中结合建筑绘画实践对建筑绘画的原理和技法作了系统的阐述，对建筑表现图的绘制方法作了全面的介绍。全书内容精练、条理清晰、文字顺畅、插图精美，易于读者理解和掌握，是一部建筑绘画技法的典范著作。

本书是天津大学教授、中国科学院院士彭一刚的早期代表作之一。本书第一版曾荣获第三届全国优秀科普作品三等奖。第二版已改换了全部实例作品，内容更实用、更全面、更精彩。

* * *

责任编辑:王伯扬

**建筑绘画及表现图**
(第 二 版)
彭 一 刚
*
中国建筑工业出版社出版、发行(北京西郊百万庄)
各地新华书店、建筑书店经销
天津翔远印刷有限公司印刷
*
开本:787×1092毫米 1/16 印张:7½ 插页:44 字数:314千字
1999年3月第二版 2022年8月第三十三次印刷
定价:72.00元
ISBN 978-7-112-03481-9
(8705)

# 第 二 版 前 言

《建筑绘画及表现图》原名为《建筑绘画基本知识》，是 1978 年由中国建筑工业出版社出版发行的，迄今已近 20 个年头了。如果追溯到书的写作，那还是文化大革命后期的事。当时“左”的思潮禁锢着人们的头脑，连取材也受到多方限制。1985 年曾增删了一部分实例，并将书名改为《建筑绘画及表现图》，但至今又过去 12 年，题材难免显得陈旧，加之多次重印，印刷质量日下，许多彩色版已经面貌全非了。

近日，中国建筑工业出版社有意改制新版重印，并征求作者意见，可否在内容上作一些修改补充。考虑到原书的第一章建筑绘画原理和第二章建筑绘画技法，已经自成体系，改动起来比较困难；另据读者反映，书的内容简明扼要、条理清晰、易于理解、掌握；加之眼下工作繁忙，不可能抽出太多时间仔细推敲，最后商定，第一、二章不加改变，第三章的实例分析不再作文字描述，但在实例上作大幅度的调整和补充。新版实例由原书的 41 个增加至 90 个，除与第二章论述的铅笔、钢笔、水彩、水粉等四种基本表现技法相对应外，还增添了许多新的表现技法。

相信再版后的新书不仅面貌一新，而且还将更加切合当前的实际需要。

**彭一刚**　1997.11.5

于天津大学

# 目　录


**第一章　建筑绘图原理** …… 1
线描与轮廓 …… 3
透视的基本特征及规律 …… 4
透视角度的选择 …… 6
怎样画透视轮廓 …… 8
圆的透视的画法 …… 10
立面阴影的画法 …… 11
透视阴影的画法 …… 12
透视表现图中的分面及高光 …… 15
透视表现图中的退晕 …… 18
建筑材料的质感表现 …… 20
重心、焦点与虚实 …… 21
调子的选择和衬托 …… 22
关于配景的设计 …… 23
关于画面的构图问题 …… 23
关于画树的问题 …… 24
关于画树影的问题 …… 25
关于画倒影的问题 …… 26
关于画人物的问题 …… 27
关于画汽车的问题 …… 27
关于画室内透视的问题 …… 28
关于色彩的基本知识 …… 29
简短的小结 …… 32
**第二章　建筑绘画技法** …… 33
用铅笔表现建筑的技法 …… 34
用钢笔表现建筑的技法 …… 37
用水彩表现建筑的技法 …… 41
用水粉表现建筑的技法 …… 48
**第三章　建筑表现图的绘制** …… 55
图面组合 …… 56
平面表现图的绘制 …… 58
总平面表现图的绘制 …… 62

立面表现图的绘制 …… 64
剖面表现图的绘制 …… 65
建筑装饰表现图的绘制 …… 67
**图　版** …… 69
完整地表现建筑要涉及哪些问题[图1] …… 69
线描与轮廓[图2] …… 70
关于透视的基本概念[图3] …… 71
透视角度的选择[图4] …… 72
理想透视角度的选择[图5] …… 74
徒手画透视的方法[图6] …… 74
圆的透视的方法[图7] …… 75
立面阴影的画法[图8] …… 76
透视阴影的画法[图9] …… 77
透视图中的分面[图10] …… 80
高光的画法[图11] …… 81
透视中的退晕[图12] …… 82
阴影部分的退晕[图13] …… 83
关于质感的表现[图14] …… 84
重心、焦点与虚实[图15] …… 85
调子的选择及衬托[图16] …… 86
配景的设计[图17] …… 87
画面的构图问题[图18] …… 88
画树的问题[图19] …… 89
画树影的问题[图20] …… 90
倒影的画法[图21] …… 91
关于画人物的问题[图22] …… 92
画汽车的问题[图23] …… 93
室内透视的角度选择[图24] …… 94
室内透视的明暗[图25] …… 95
色彩的基本知识[图26] …… 97
同一建筑可用多种手段来表现[图27] …… 98
铅笔技法的基本练习[图28] …… 99
用铅笔画质感的技法[图29] …… 100
用铅笔画树的技法[图30] …… 101
用色调表现建筑的技法[图31] …… 102
画草图的问题[图32] …… 103
用钢笔画线条及明暗的练习[图33] …… 104
钢笔画的特点[图34] …… 105
用钢笔画树的技法[图35] …… 106

用钢笔表现质感的技法[图 36] …… 108
概括手法的运用[图 37] …… 109
用水彩表现建筑的基本技法练习[图 38] …… 110
用水彩画立面的步骤[图 39] …… 111
用水彩画透视的步骤[图 40] …… 112
用水彩表现质感的方法[图 41] …… 112
用水彩表现配景[图 42] …… 114
水粉的基本技法练习[图 43] …… 115
用水粉画建筑材料的质感[图 44] …… 116
用水粉表现建筑的步骤[图 45] …… 117
用水粉画树的技法[图 46] …… 118
用水粉表现水的技法[图 47] …… 119
用水粉画室内的技法[图 48] …… 120
**实　例** …… 121
1. 扬州个园（铅笔） 钟训正 作 …… 121
2. 无锡寄畅园（铅笔） 钟训正 作 …… 122
3. 苏州畅园（铅笔） 钟训正 作 …… 123
4. 苏州留园（铅笔） 钟训正 作 …… 124
5. 苏州拙政园（铅笔） 钟训正 作 …… 125
6. 承德避暑山庄垂花门（铅笔） 钟训正 作 …… 126
7. 某高层建筑设计方案（铅笔） 钟训正 作 …… 127
8. 南京云湖大厦设计方案（铅笔） 钟训正 作 …… 128
9. 某街心公园绿化管理站设计方案（铅笔） 黄为隽 作 …… 129
10. 某办公楼设计方案（铅笔） 黄为隽 作 …… 130
11. 某公园景点设计方案（铅笔） 彭一刚 作 …… 131
12. 某公园景点设计方案（钢笔草图） 彭一刚 作 …… 132
13. 某公园景点设计方案（钢笔） 彭一刚 作 …… 133
14. 某公园景点设计方案（钢笔草图） 彭一刚 作 …… 134
15. 某公园景点设计方案（钢笔） 彭一刚 作 …… 135
16. 某办公楼设计方案（钢笔） 彭一刚 作 …… 136
17. 某纪念碑设计方案（塑料笔） 彭一刚 作 …… 137
18. 某公园大门设计方案（钢笔） 彭一刚 作 …… 138
19. 北洋大学纪念亭设计方案（钢笔） 彭一刚 作 …… 139
20. 某高层写字楼设计方案（钢笔） 彭一刚 作 …… 140
21. 唐山地震博物馆设计方案（钢笔） 彭一刚 作 …… 141
22. 唐山地震博物馆设计方案（钢笔） 彭一刚 作 …… 142
23. 某公园景点设计方案（咖啡色铅笔） 彭一刚 作 …… 143
24. 某公园内山庄设计方案（咖啡色铅笔） 彭一刚 作 …… 144
25. 某公园餐厅设计方案（咖啡色铅笔） 彭一刚 作 …… 145

26. 某公园内山庄设计方案（咖啡色铅笔） 彭一刚 作 …………………… 146
27. 某公园制高点设计方案（咖啡色铅笔） 彭一刚 作 …………………… 147
28. 某公园景点设计方案（咖啡色铅笔） 彭一刚 作 …………………… 148
29. 某公园景点设计方案（咖啡色铅笔） 彭一刚 作 …………………… 149
30. 某公园景点设计方案（咖啡色铅笔） 彭一刚 作 …………………… 150
31. 某风景区度假村设计方案（咖啡色铅笔） 彭一刚 作 …………………… 150
32. 某风景区山庄设计方案（咖啡色铅笔） 彭一刚 作 …………………… 151
33. 某风景区入口设计方案（咖啡色铅笔） 彭一刚 作 …………………… 152
34. 某风景区宾馆设计方案（咖啡色铅笔） 彭一刚 作 …………………… 152
35. 某大学校园雕塑小品设计方案（咖啡色钢笔） 彭一刚 作 …………………… 153
36. 甲午海战馆雕塑造型设计方案（咖啡色钢笔） 彭一刚 作 …………………… 154
37. 青岛某宾馆设计方案（咖啡色钢笔） 彭一刚 作 …………………… 155
38. 某公园入口大门设计方案（咖啡色钢笔） 彭一刚 作 …………………… 155
39. 某公园游船码头设计方案（咖啡色钢笔） 彭一刚 作 …………………… 156
40. 某办公楼室内设计方案（咖啡色钢笔） 彭一刚 作 …………………… 157
41. 某办公楼室内设计方案（咖啡色钢笔） 彭一刚 作 …………………… 158
42. 某广场水池设计方案（咖啡色塑料笔） 彭一刚 作 …………………… 159
43. 某写字楼室内设计方案（咖啡色塑料笔） 彭一刚 作 …………………… 160
44. 天津熊猫馆设计方案（单色渲染） 彭一刚 作 …………………… 161
45. 某住宅设计方案（单色渲染） 彭一刚 作 …………………… 162
46. 某古亭设计方案（水彩渲染） 彭一刚 作 …………………… 163
47. 某古亭设计方案（水彩渲染） 彭一刚 作 …………………… 164
48. 故宫太和殿（水彩渲染） 彭一刚 作 …………………… 165
49. 天津静园入口大门（水彩渲染） 彭一刚 作 …………………… 166
50. 中国历史博物馆局部（水彩渲染） 彭一刚 作 …………………… 167
51. 某文化馆办公楼设计方案（水彩渲染） 彭一刚 作 …………………… 168
52. 抗美援朝纪念馆设计方案（水彩渲染） 彭一刚 作 …………………… 169
53. 某公园茶室设计方案（水彩） 彭一刚 作 …………………… 170
54. 某游乐中心设计方案（水彩） 彭一刚 作 …………………… 171
55. 某居室室内设计方案（水彩） 彭一刚 作 …………………… 172
56. 天津大学建筑系馆室内设计（水彩渲染） 彭一刚 作 …………………… 173
57. 天安门（水粉） 彭一刚 作 …………………… 174
58. 北海白塔（水粉） 彭一刚 作 …………………… 175
59. 景山（水粉） 彭一刚 作 …………………… 176
60. 某科技馆设计方案（水粉） 蔡 明 作 …………………… 177
61. 某地震博物馆设计方案（水粉） 章又新 作 …………………… 178
62. 某政府办公楼设计方案（水粉） 章又新 作 …………………… 178
63. 甲午海战馆设计方案（水粉） 章又新 作 …………………… 179
64. 北洋大学纪念亭设计方案（水粉） 章又新 作 …………………… 180

65. 某室内设计方案（水粉） 章又新 作 ········ 181
66. 某室内设计方案（水粉） 章又新 作 ········ 182
67. 某室内设计方案（水粉） 章又新 作 ········ 182
68. 唐山地震历险城景点设计方案（彩色铅笔） 彭一刚 作 ········ 183
69. 山东平度公园入口大门设计方案（彩色铅笔） 彭一刚 作 ········ 184
70. 昆明野鸭湖风景区入口设计方案（彩色铅笔） 彭一刚 作 ········ 184
71. 某纪念馆设计方案（彩色铅笔） 彭一刚 作 ········ 185
72. 某纪念馆设计方案（彩色铅笔） 彭一刚 作 ········ 185
73. 某博物馆设计方案（彩色铅笔） 彭一刚 作 ········ 186
74. 山东故土园设计方案（彩色铅笔） 彭一刚 作 ········ 186
75. 青岛帆船、帆板活动中心设计方案（彩色铅笔） 彭一刚 作 ········ 187
76. 青岛帆船、帆板活动中心设计方案（彩色铅笔） 彭一刚 作 ········ 187
77. 国家自然科学基金委员会办公楼设计方案（彩色铅笔）彭一刚 吴晓敏 作 ········ 188
78. 某室内设计方案（彩色铅笔） 彭一刚 作 ········ 189
79. 某室内设计方案（彩色铅笔） 彭一刚 作 ········ 190
80. 北洋大学纪念亭设计方案（彩色铅笔） 彭一刚 作 ········ 191
81. 山东平度公园总平面（彩色铅笔） 彭一刚 作 ········ 192
82. 福建漳浦西湖公园总平面（彩色铅笔） 彭一刚 作 ········ 193
83. 昆明野鸭湖风景区规划设计总平面（彩色铅笔） 彭一刚 作 ········ 194
84. 唐山地震历险城入口景点设计草图（彩色塑料笔） 彭一刚 作 ········ 195
85. 唐山地震历险城设计方案草图（彩色塑料笔） 彭一刚 作 ········ 196
86. 唐山地震历险城设计方案草图（彩色塑料笔） 彭一刚 作 ········ 196
87. 某室内设计草图（彩色塑料笔） 彭一刚 作 ········ 197
88. 福建漳浦西湖公园景点设计方案（彩色塑料笔） 彭一刚 作 ········ 198
89. 某驻外商务办公楼入口设计方案（彩色塑料笔） 彭一刚 作 ········ 199
90. 北洋大学纪念亭设计方案（彩色塑料笔） 彭一刚 作 ········ 200

# 第一章 建筑绘画原理

建筑绘画是建筑设计人员用来表达设计意图的应用绘画，它带有一定的专业特点。

建筑设计工作人员在进行方案的设计、比较、征询意见和送领导审批等过程中，通常用两种手段来表达设计意图，一是图纸，其中包括建筑绘画，一是模型。模型虽然具有直观性强、可以从任意角度去看等优点，但对于材料质感的表现，特别是对于环境气氛的反映，却不如建筑绘画更为真实、生动。

和一般绘画相比，建筑绘画有它自身的特点，主要是它吸取了建筑工程制图的一些方法，并对画面形象的准确性和真实感要求较高。因为无论是设计人员自己用来推敲研究设计方案，或是向别人表达自己的设计意图，都必须使建筑绘画尽可能地忠实于原设计，尽可能地符合工程建成后的实际效果。所以，在作建筑绘画时，不能带有主观随意性，也不能离开设计意图用写意的方法来表现对象。但是，建筑绘画作为一种表现技法，也同其它画种——如素描、水彩一样，还是应当比现实的东西更集中、更典型、更概括。因而，它应当具备科学性和艺术性的统一。

由于建筑绘画要求准确、真实，因而在画法上也要求工整、细致。例如轮廓线必须用制图工具来画，填色时靠线要整齐（用来表达初步设计意图的草图例外）。

建筑绘画作为建筑设计阶段的表现图，它和写生画不同，一般不可能对着实物写生或以实物为楷模去照着画。它只能是以建筑设计图——平面图、立面图、剖面图为依据，去画建筑物的立面或室外、室内的透视图。虽然这样，但是决不应该把建筑绘画和写生两者对立起来。特别是当我们学习建筑绘画的时候，可以通过对于已建成的建筑物的写生，培养观察、分析对象的能力，使我们对于建筑形象的感受逐步地敏锐、深刻，还可以锻炼绘画技巧，提高我们对建筑形象的表现能力。

认真地观察和分析对象，对着实物进行写生，是我们认识建筑形象的重要手段。但是，如果我们掌握了一些建筑绘画的基本原理之后，再去观察对象，那么我们的感觉将会更敏锐、更准确、更深刻。因此对于初学者来讲，学习一些建筑绘画的基本原理和分析对象的方法，是十分必要的。

建筑绘画原理包括哪些方面的内容？让我们通过一个典型实例的分析（图 1），来作如下几点概述：

一、属于形的方面首先是轮廓，这是表现建筑形象最基本的方面之一，也是我们从事绘画时首先要解决的问题。没有准确的轮廓就不可能正确地表现建筑形象。这里所说的轮廓不仅是指建筑物的外部形体结构，而且还包括着它的内部的凹凸转折。这种轮廓一般是用线描的方法来表现的。

同轮廓密切地联系在一起的问题是透视。由于建筑物大体上都是由一些基本几何形体组合在一起的，透视上稍有错误，建筑形象就会明显地被歪曲。对于建筑绘画来讲，用科学的方法来确定建筑物的透视轮廓，就具有特别重要的意义。为此，从事建筑绘画工作的人员必须掌握透视学的基本原理和方法。

再一个问题是如何取透视角度。这主要涉及到如何来表现设计意图并取得良好效果的问题。要充分地表现一幢建筑物，单是把透视画正确了还不够，还要选择合适的透视角度。建筑绘画的任务就是要选择那些最常见、最能表现建筑形象特点的角度，来反映设计意图。

二、属于形的第二方面的问题是光影与明暗。我们所以能看见对象，都是借助于光的照射。在光的作用下，对象本身必然呈现出一定的明暗变化。这种变化对于我们认识对象的体积和空间关系起着十分重要的作用。在建筑绘画中，一般多假定建筑物在阳光的直接照射之下。因此对光影关系和明暗变化处理的正确与否，就显得更为重要。

从建筑绘画程序来讲，在确定了轮廓之后，第二步就是要正确地表现出建筑物的光影关系和明暗变化。它包括：画出阴影范围，分出亮、暗面，表示出退晕变化。

建筑物背着直射阳光的面是阴，其它物体或建筑物本身的某些部分遮住光线在受光面上造成的不受光部分是影。在建筑绘画中确定阴影的范围也要借助于一定的科学方法，用这种方法能够准确地表示出光影关系，确切地表现出建筑的体积感。

在建筑物的受光面上，由于受光的强弱不同，有的部分更亮一些，有的部分稍暗一些。这种明暗变化虽不如光与影之间的对比那样强烈，但对于表现建筑物的形体转折却起着显著的作用。因此，在建筑绘画中，既要划分出受光面和背光面，也要区分出建筑物受光面上的明暗变化。这一步工作，叫做分面。

退晕是指在同一个明、暗面上，由于受其它面上反射光的作用、距离变化的影响和人的视觉因素而呈现出的均匀的明暗变化。它比起光影和分面更细微一些，深刻一些，对于表现光感和空气感有很大作用。

三、色彩和质感的表现，这里主要是指建筑材料的色彩和质感的表现。如果只有正确的轮廓和光影明暗变化，而没有充分地表现出建筑材料的色彩和质感特点，我们还会感到所描绘的建筑形象不够真实。为此，还必须去研究色彩和质感的表现方法。这一点对于水彩、水粉等彩色建筑表现图来讲，尤其重要。

在现实生活中我们可以观察到，不仅有色的建筑材料表现出各种色彩，即使我们通常所谓的没有颜色的东西，如白色的石膏或透明的玻璃，在光的作用和周围环境的影响下，也会呈现出丰富的色彩变化。为了能够正确地表现出这些色彩变化，我们应当去研究有关色彩的一些基本知识。

四、正确地处理好焦点、重心、虚实和调子等的关系。建筑物都不是孤立地存在的，它必然存在于一定的自然环境之中，周围环境对它的明暗、色彩乃至于其它方面必然要产生许多影响。因而，我们在建筑绘画中不仅要照顾到建筑物本身的完整统一，而且还不能把它和周围的环境割裂开来，而应当把它和周围的环境看成是一个有机联系的整体。只有这样，才能使我们所要表现的建筑形象融合于周围的环境之中，并共同组成一个和谐统一的整体；也只有这样才能使画面完整统一。

为了达到上述要求，我们应当避免把建筑物的各部分平均对待，而应当有重点，有虚实变化，有良好的衬托。虚实的变化和焦点重心的形成都是与人的视觉特点和光的物理作用密切相关的，是有客观规律可循的。在作画时即使有些因素可以按照人们的主观意图来选择，但是这种选择绝不能超出客观规律所允许的范围。

五、为了真实而又完整地表现出建筑形象，还必须处理好配景和画面的构图。这和前面所提出的原则是完全一致的，既考虑到建筑物和周围环境的统一性，适当地表现出天空、地面、树木、绿化、远山、近水等自然景物作为建筑物的陪衬，而又不应喧宾夺主。这是因为在建筑绘画中建筑物应当是我们所表现的重点，这个重点既不能孤立地存在，也不应被其它东西所淹没，而应当做到主次关系恰如其分。这就不可避免地要涉及到画面的构图问题。鉴于过去的经验，关于这个问题我们感到最好在作画的实践中，用较成功的实例来作具体分析，避免泛泛地提出一些原则使初学者不易理解，甚至会束缚手脚，无所适从。

在建筑绘画中，如果正确地处理好以上各方面的问题，将能使我们所描绘的对象得到比较充分和完整的表现。下面拟就以上几方面的问题分别加以阐述。

## 线描与轮廓

线条是绘画造型最基本的手段之一，运用线条的变化来表现对象的方法称线描。线描在我国绘画中具有悠久的历史和优良的传统。

任何对象，只要我们对它进行观察和分析，都可以清楚地把它分解成为两个方面：一是外部轮廓，二是内部的凹凸转折。所谓线描，就是用线条把这两者描绘下来。由于线描具有清晰、明确的特点，因而在建筑绘画中，用线描的方法也可以成功地表现出建筑形象。

常识告诉我们，一个简单的平面几何形状，通常可以用直线（如正方形、三角形）或曲线（如圆）来表现，就是稍为复杂一些的空间形体——如立方体、锥体，其外部轮廓也不外是由于面的弯曲、转折或相交而形成的直线或曲线所组成的。就是球体，其表面虽然找不出任何棱角或明显的转折，但其外部轮廓还是可以用线描的方法来表现。当然，除了一些最简单的平面几何形状之外，仅仅描绘外部轮廓，是不能充分地表现出对象的形体结构的；还必须同时表现出它的内部的凹凸转折关系，才能够完整地显示出对象的全貌。在线描中，表现对象外部形体结构的线条称外轮廓线；表现对象内部凹凸转折的线条称内轮廓线。

在建筑绘画中，外轮廓通常是指反映建筑物基本形体结构的那些大的体面转折关系的线条；而内轮廓则指的是门窗、壁柱、线脚、装饰等较小的凹凸转折变化所形成的线条。对一般建筑物来讲，无论是外轮廓或是内轮廓，都是比较明确的，只有极少数壳体结构、悬索结构或其它特殊形体结构的建筑物，其轮廓线的变化比较复杂。另外，某些建筑花饰，特别是圆雕、浮雕，由于它内部的起伏转折有时不甚明显，这就使得一部分内轮廓线模糊起来。我们在描绘这种对象的时候，要特别细心地观察分析，才能把握住那些关键性的转折之处，从而用线条把它表现出来。

最简单的线描方法是用一样粗细的线条来表现对象，即不论是外轮廓或是内轮廓都一律用细线来画。例如一些平面图案、壁画、彩画都适合于用这种方法来表现。另外，一些起伏较小的建筑花饰、浅浮雕或线刻等，由于它本身没有多少空间关系需要强调，因而也可以用这种方法来表现（图 2〔1〕)。

采用这种画法，首先必须保持线条粗细均匀。当用钢笔来作画时，应避免因笔尖与纸面接触的轻重不同或蘸水的饱满程度不同，而使所画出的线条粗细不同，影响画面效果。其次，还要求用笔流畅，画直线时要横平竖直，画曲线时要圆润，线条的接头处应力求不落痕迹。

但是，用一样粗细的线条来表现建筑形象，也有它的局限性和缺点，即表现不出空间层次，区分不出转折的明显或轻微，因而常常使所表现的对象缺乏整体感和空间层次感。为了克服这种缺点，在建筑绘画中通常都是用粗细线相结合的方法来表现建筑形象（图 2〔2〕)，即用最粗的线来画外轮廓；次粗的线画内部较大的转折处；其余的一律用细线来表示。这样就避免了上述的缺点，使所描绘的对象具有整体性强、空间立体感强和层次分明等优点。在建筑绘画中，由于这种画法具有较强的表现力，因而不仅常被用来表现建筑物的立面和透视，而且也常被用来表现建筑局部、花饰及其它细部大样。

采用这种画法，除应保持线条的均匀流利外，在作画时还要仔细地分析对象，从而确定哪些地方应用细线表现，哪些地方应用较粗的线表现，哪些地方应用最粗的线表现。另外，各种线条粗细的程度应适当，否则也会影响表现效果。

更加复杂一些的对象，如反映人体、衣折的圆雕、浮雕或其它建筑花饰，即使用粗细线相结合的方法来表现还嫌不够。为了适应这种特殊要求，在线描的技法上，还可以用粗细、轻重、虚实各种不同线条相结合的方法来表现这些对象（图 2〔3〕)。这种画法的一般原则是：以粗线、重线画外轮廓和那些转折明显的地方；以细线、轻线画内轮廓和那些转折不甚明显的地方；用虚线表现起伏甚微，或由转折明显逐渐地过渡到不甚明显乃至完全消失的部位。在线描中这是一种比较复杂的画法。如果我们能够熟练地、灵活地运用这些富有变化的线条，就不仅可以生动地表现出对象的外部形体结构和内部凹凸转折，而且还可以深刻地刻画出对象的刚、柔、轻、重等内在的质感和量感。

关于线描的表现能力，在我国的传统绘画理论中也是得到充分肯定的，所谓“笔以立其形质”就是说用勾线的方法不仅可以表现外部形体，而且还可以表现内在的质感、量感。这种说法对于从事建筑绘画工作者来说，是很有启发和参考价值的。

## 透视的基本特征及规律

外界物体反映到我们的感官，我们能够感觉到它的轮廓、体积、形状、大小等，作画正是依据这些感觉和认识把它表现在画面上。透视现象也是这样，我们在日常生活中能够感觉它，但是在我们还没有懂得透视现象产生的道理时，对它的感觉将是不敏锐和不深刻的，因而单凭直观的感觉去作画，就难免要产生错误。为此，从事绘画的人都应当懂得一些透视现象产生的原理。

建筑设计工作人员在表现设计意图时，为了保证画面形象准确，更是需要严格地按照透视原理来确定建筑物的内外轮廓。这就要涉及到投影几何等专门知识，对此这里不拟详细叙述。下面仅就透视现象的基本特征和规律作一个简单的介绍：

当我们漫步街道的时候，只要稍微留心观察一下街景，就会发现这样一些显而易见的现象（图3〔1〕）：同样大小的东西，如路灯、行人、汽车等，处于近处的大，处于远处的小；同样距离的东西，近处间隔大，愈远愈密。再当我们低头看一看我们所走的马路和人行道，则是愈到远处愈窄，直到最后汇集成一点。就是街道两旁的建筑物，虽然参差不齐，但也是愈远愈小，和道路一样，最后也都汇集于一点。以上这些就是我们所说的透视现象。

那么，透视现象是怎么形成的呢？它为什么具有以上这些特征呢？现在，就让我们来说明这个问题（图3〔2〕）：

当我们用眼睛去看一幢建筑物的时候，我们可以假想在眼睛（即视点）和建筑物之间有一片透明的玻璃（即画面），如果把建筑物上各点（即图中 $a$，$b$，$c$ ……）与视点相连，那么，这些连线穿过画面时也必然得出一些相应的点（即图中 $a'$，$b'$，$c'$…）；如果把这些相应的点连接起来，在画面上即可显示出我们所称的透视现象。这种图就叫透视图，简称透视。

在了解了透视现象形成的原理之后，就不难解释近大远小和不平行于画面的一切平行线的透视必然交于一点的道理。

如图3〔3〕所示：一组长度相等，距离相等，并排成一条直线的电杆，当从视点 $S$ 去看时，就会发现：由于 $\angle ASA'$（指 $AS$ 与 $A'S$ 之间的夹角）大于 $\angle BSB'$（指 $BS$ 与 $B'S$ 之间的夹角），又大于 $\angle CSC'$……，因而从画面上看 $AA'$ 的透视就大于 $BB'$ 的透视，而 $BB'$ 的透视又大于 $CC'$ 的透视，余类推。这就是近大远小的原理。如果 $EE'$ 距视点 $S$ 再远一些，则 $\angle ESE'$ 更小；当 $FF'$ 离视点 $S$ 为无穷远时，则 $\angle FSF'$ 就接近或等于零，这时 $FF'$ 的透视就成为一个点。

如图中所示，$AA'$、$BB'$、$CC'$、$DD'$……的长度相等，则 $A$、$B$、$C$、$D$……各点连线的透视与 $A'$、$B'$、$C'$、$D'$……各点连线的透视就交于一点，而 $ABCD$……与 $A'B'C'D'$……正是两条相互平行的直线。这就是不平行于画面的一切平行线的透视必交于一点的原理。

以上所讲的是透视现象的一些最基本的特征及规律，下面结合建筑绘画的特点来介绍一下几种常见的透视情况。

建筑物一般多为三度空间的立方体，由于我们看它的角度不同，在建筑绘画中通常有三种不同的透视情况（图3〔4〕）：

1. 一点透视：亦称平行透视。以立方体为例，也就是说我们是从正面去看它。这种透视具有以下特点：构成立方体的三组平行线，原来垂直的仍然保持垂直；原来水平的仍然保持水平；只有与画面垂直的那一组平行线的透视交于一点，而这一点应当在视平线上。前面所介绍的街景透视图即是属于这种类型的透视。

2. 两点透视：仍以立方体为例，我们不是从正面去看它，而是把它旋转一个角度去看它，这时除了垂直于地面的那一组平行线的透视仍然保持垂直外，其它两组平行线的透视分别消失于画面的左右两侧，因而产生两个消失点，这就是两点透视。这种透视在建筑绘画中应用最多。

3. 三点透视：某些高大的建筑物，当我们仰着头从近处看它的时候，垂直于地面的那一组平行线的透视也产生一个消失点（在画面的上方），这就产生了三个消失点。这种透视多被用来表现高大雄伟的建筑物。

以上就是建筑绘画中所常见的三种透视情况。

## 透视角度的选择

一幢建筑物建成之后，我们可以从任意角度去看它，也可以用照相机把它摄成各种不同角度的照片。但是，当它还没有建成的时候，我们就没有这种方便的条件。这时，我们只能按照透视现象的原理，选择我们认为比较满意的角度，作出它的表现图。

为了便于讲清楚透视角度选择的问题，最好还是先回顾一下投影几何中关于透视作图的基本原理及方法。图 4〔1〕所示即为一个假定由六个正立方体所组成的建筑形体，当我们要画它的透视的时候，必须首先确定以下几个条件：

1. 建筑形体与画面的夹角（即图中的 $\theta$）。

2. 视点与画面的距离（即 $SA$ 的长度，一般地讲视点 $S$ 都是在由 $A$ 点引出的、并与画面相垂直的直线之上）。

3. 视点的高度。

有了以上三个条件之后，就可以求出建筑形体的透视（图 4〔1〕）。其方法是：自 $S$ 点分别作与 $AB$、$AC$ 相平行的线，并与画面相交得出两个点，再把这两个点投影到视平线上，就可以求出消失点 $V$ 及 $V'$。然后自 $A$ 点向上投影，假定建筑形体的高度为 $h$（即正立方体的边长），使 $h$ 的下端落在地平线上，这样，若把 $h$ 的上下两端分别与 $V$、$V'$ 相连，即得出建筑形体上下两个边的透视。剩下的问题就是如何确定建筑形体的透视长度及其内部的分块线。这时，我们可以连 $SB$、$SC$，并自这两条连线穿过画面时与其相交的点向上作投影线，从而确定建筑形体的透视长度。确定内部分块线和确定透视长度的道理是一样的，例如连 $SD$、$SE$、$SF$，自这些连线与画面的交点向上作投影线，即可确定 $D$、$E$、$F$ 点的透视位置，也就是说可以作出建筑形体内部的分块线。

以上就是投影几何中透视作图最基本的原理及方法。熟悉了这些道理之后，就可以进一步研究透视角度的选择问题了。下面先就两点透视的透视角度选择问题进行分析，它可以从三个方面来探索：

1. 从不同的方向看建筑物：一幢建筑物，可以从四面八方来看它，或者说，我们可以绕着它走一圈，从任意方向和角度去看它。这从透视作图原理上讲，就相当于观察者（视点）不动，而只旋转建筑物，以不断地改变它与画面的夹角（图 4〔2〕），从而产生不同的透视效果。例如，一幢矩形平面的建筑物，长边和短边分别假定为建筑物的正面和侧面。如果我们希望更多地看到建筑物的正面，就应使平面的长边与画面的夹角小一些。如果我们希望更多地看到建筑物的侧面，那么就须按顺时针的方向来旋转平面，使其短边与画面的夹角变得小一些。

按照上述旋转平面的概念，我们可以看出：平面与画面的夹角每改变一点，透视效果也跟着改变一点。这样，我们就可以随着角度的旋转而获得建筑物任意方向的透视。

至于究竟以什么角度为好，这要根据设计方案的具体情况来定。以往介绍透视原理的书中，多认为以建筑物正面与画面保持 30°夹角为宜。其实这只能说是一种常见的角度，具体到不同的方案，很难有一个统一的标准。

2. 从不同的距离看建筑物：一幢建筑物，我们可以从近处去看它，也可以从远处去看它。近看与远看，这在透视作图上表现为视点与对象间的距离（或称视距）的不同，其效果也显然不同。

从图 4〔3〕中可以看出：视点与对象的距离愈大，消失点就愈远，建筑物的檐口线就愈平缓，立面就展开得愈大；反之，视点与对象的距离愈小，消失点就愈近，建筑物的檐口线就愈倾斜，立面就展开得愈小。

一般讲来，视距愈大，建筑物的透视给人的感觉愈平稳，但也不是说视距愈大效果就愈好。如果视距过大，则图中透视现象的特征就会逐渐消失而接近于正投影；反之，视距也不能太小，因为人的视觉范围是有限的，如果视点太近，在实际上我们将无法看到建筑物的全部，在这种情况下，勉强用投影方法作出的透视图将会失真。

3. 从不同的高度看建筑物：在一般情况下，我们都是站在平地上去看建筑物，即视平线的高度以人的高度为标准（约 1.7 米）。但根据建筑物的性质或方案的特点，视平线的高度也可以选择得高一些或低一些（图 4〔4〕）。

按照透视作图原理，视平线愈低，则建筑物檐口线的倾斜度就愈大，同时，建筑物的下缘（墙脚与室外地面的交线）就愈趋于平缓，甚至完全水平，成为一条直线（当视点高度为零，视平线与地平线重合时）。这样，所取得的透视效果往往具有高大、雄伟的气氛，故常被用来表现比较庄严的政治纪念性建筑物，如大会堂、博物馆、纪念碑等。

以人的高度作为视平线的高度，画出的透视最真实。一般大量性的中小型建筑多用这种方法来表现。如果视平线高于建筑物，也就是说从上空去看建筑物，这样作出的透视我们称之为鸟瞰图。这种方法主要是用来表现群体建筑，如城市规划的广场、街坊，工业建筑群等。有时也可以用来表现平面变化比较曲折的单体建筑或庭园建筑。

以上分别从三个方面对透视角度的选择进行了分析，而在实际应用时，这三者是不能分割的，必须同时综合地加以考虑。这就意味着，即使是一个简单的建筑物也可能具有多种多样的透视效果。另外，在选择透视角度时，还要考虑到总平面的情况，一般好的透视角度，应当是人们通常看到的透视角度。总之，我们在画透视图时，应当充分地利用草图，多画几种角度进行比较，以便从中选择一个最能表现设计意图的方案。

前面所介绍的是一般常用的两点透视的透视角度的选择。下面再说明一下一点透视（图 4〔5〕）和三点透视（图 4〔6〕）的运用。这也是属于选择透视角度的问题。由于某些建筑物自身的特点，或出于特定表现意图的要求，用两点透视的画法来作画感到效果欠佳或不足以反映设计意图的时候，可以考虑用一点透视或三点透视来表现。

所谓一点透视，就是使建筑物与画面平行（即建筑物的正面与画面的夹角等于零），或者通俗地说就相当于站在建筑物的正前方来看它。这种透视角度的特点是：能使我们所要表现的建筑形象端庄稳重。因而，画纪念性建筑物的门廊、入口，或处于林荫道底景的建筑物多适合于采用这种透视角度。另外，由于这种透视画起来比较简便，一般建筑物的室内透视也多采用这种透视角度。

对某些高大的建筑物，如高层建筑或纪念性建筑物等，如果采用前述的几种透视角度来画透视图，都还感到不足以表现出它庄严、雄伟的气概，则可以考虑用三点透视来表现。所谓三点透视，如前一节中所述，就是指当我们仰着头从近处去看高大建筑物时，由于画面变得倾斜，因而，所有与地面垂直的竖线也都由平行而变得倾斜，并向上消失于一点时所得到的透视画面。这种透视能使我们所要表现的建筑形象获得高大和雄伟的气势。

由于采用三点透视的前提是视点离对象比较近，而人的水平视角是有一定限度的，这就意味着较长的建筑物，必然要超出我们的视角范围之外。因此，我们只能看到它的一个部分或片断。

还有一种与此相反的情况是：当我们从高处向下俯视建筑物时，也会出现三点透视的现象，不过这时所有的竖线都消失于画面的下方。这种透视角度只有从高层建筑上向下看，或假想从高空中向下俯视建筑物时才会出现，一般用得很少。

## 怎样画透视轮廓

在绘制建筑表现图时，第一步就是要确定建筑物的透视轮廓。怎样画透视轮廓才能够做到既准确好看又快速简便呢?

为了保证准确，首先必须使所画的轮廓线符合于透视作图的原理。但是，这也不是要求我们象作投影几何习题那样，对每一根线——不论是大轮廓或是细节，都必须用投影的方法去求，因为这样做太烦琐了。一幢建筑物即使规模不大，若对每一条线都要求这样去求，不仅太麻烦而且也不必要，只要保证建筑物在大的轮廓和比例关系上基本符合于透视作图的原理就够了，至于细节，多半是用判断的方法来确定。因而，一般地讲在建筑绘画的实际工作中，多是采用求和判断相结合的方法来画透视轮廓的。

在建筑绘画中画透视轮廓和投影几何中求透视，还有一个不同的地方是：后者的先决条件——建筑物与画面的角度、视点与画面的距离、视点的高度等，都是确定了的；而在建筑绘画中，这些条件则是灵活的，都需要由作者自己来确定。那么，怎样来确定这些条件呢？确定这些条件的原则，就是我们在前一节中所分析的选择透视角度的问题，这些都因设计方案和表现意图的不同而异，很难有一个固定的标准。另外，经验还证明，事先假定出上述几项条件，往往求出来的透视效果并不理想。为此，我们最好还是先用徒手来推敲透视的大体轮廓及效果，再反过来寻求建筑物的合适的角度、合适的视点距离及视点高度，其具体的方法及步骤是这样的（图5）：

1. 先用徒手画出建筑物最突出部位一角的透视，并推敲研究其效果，待满意时，用延长建筑物左、右两组边线的方法找出消失点 $V$ 及 $V'$。

2. 连接 $VV'$ 即为视平线。这时视平线的高角即已被求出。再作一条平行于 $VV'$ 的线并假定为画面，把 $V$、$V'$ 投影到画面上得 $P$ 及 $P'$，以 $PP'$ 为直径作一半圆，再自 $A$（建筑物转角处）向下引一垂线交半圆于 $S$，则 $S$ 点即为我们所求的视点的位置，$SA$ 即为视点至建筑物的距离。

3. 连 $SP$、$SP'$，再自 $A$ 作 $AB$ 平行于 $SP'$，作 $AC$ 平行于 $SP$，那么 $AB$ 必然垂直于 $AC$，这就是说 $\angle CAB$ 是直角，而它所代表的正是我们所要确定的建筑物的平面位置，$AB$ 与 $PP'$ 的夹角就是建筑物与画面的夹角。

至此，我们所要确定的几个条件就都被求出来了。如果按照这样推导出来的关系去画透视，其结果必然会相当地接近于我们徒手所画的透视，但却比徒手所画的透视图要准确得多。

这个方法在实际应用中，为了避免图纸过大，一般都需要缩小比例尺来画，即把要画的透视图先缩小若干倍。当求出这些关系后，再按原图的大小来求建筑物透视的基本轮廓，至于门窗等细节，就无须严格地来求了，一般多用徒手的方法来画。

下面我们再来研究一下徒手画透视的方法问题（图6〔1〕）。徒手画透视，主要是依靠我们的判断来确定建筑物各部分在透视图上的关系。这对于初学者来讲，当然要困难一些，但是，只要掌握了一些要领，还是可以近似地画出建筑物的透视图来。

为了便于理解，我们以最简单的建筑形体为例，来说明徒手画透视的基本要领。徒手画透视的第一步，就是先定下一条水平线当作视平线。然后，按照假定的视点高度把地平线表示出来。再进一步就可以用徒手表示出建筑物的基本轮廓。在定建筑物基本轮廓时，应注意当延长建筑物左右两组平行线时，应使之分别地消失于视平线上，这样，也就同时得出了左、右两个消失点。嗣后，凡是平行于左面一组的平行线，如勒脚线、窗台线、楣线、束腰线、檐口线等的透视的延长线都应交于左边的消失点；同理，凡是平行于右面一组的平行线的透视的延长线，则应交于右边的消失点。

在这个基础上，下一步的任务就是如何确定透视长度。用徒手画透视，确定透视长度的主要方法是靠判断建筑物的长度和高度的比例关系。例如，假定建筑物的高度为 $h$，如图示建筑物的左边为长边，其长度为高度的四倍（即为 $4h$）；右边为短边，其长度为高度的两倍（即为 $2h$）。这时，我们可以运用判断的方法，分别在建筑物左、右两个立面上画出四个和两个正方形。然后再进一步从三个方面来校正所作的正方形的比例关系，并使之尽量地接近于准确，其方法是：

1. 按照透视作图原理，等距离的长度愈远愈短，而且这种变化又是按照等比级数的比率缩小的。如果我们徒手所作的正方形违反了这个规律，就应加以调整。

2. 比较左、右两边正方形的比例关系。按照透视作图原理，哪一边的消失点近，就说明该立面与画面的夹角大，那么，该面上的正方形就应窄一些；相反，哪一边的消失点远，就说明该立面与画面的夹角小，那么，该立面上的正方形就应宽一些。如果我们徒手所作的正方形不是这样，则应加以调整。

3. 如图示作出正方形的对角线。按照透视原理，左立面上各正方形的对角线的延长线应交于一点；同理，右立面上的正方形的对角线的延长线也应交于一点。如果不交于一点，就说明我们徒手所作的正方形不准确，应加以调整。

经过以上的校正和调整，大体上就可以使徒手所作的正方形接近于准确，从而也就可以按正方形的比例关系定出建筑形体的透视长度——建筑物的长边应包括4个正方形，建筑物的短边应包括2个正方形。这样，建筑物的基本轮廓就可以被确定下来了。

确定了建筑物的基本轮廓后，应着手于分开间。假定该建筑物共包括六个开间，这时，我们可先把建筑物的高度 $h$ 分成六等分，然后把各等分点与左边的消失点相连，再在建筑物的左立面上作一条对角线，这样，对角线与各连线相交得出五个交点，通过这五个点作垂线，即可把该建筑物等分为六个开间。

假定该建筑物的短边（即山墙）正中开了一个门，那么我们可以在这面墙上作两条对角线，这两条对角线相交处即为墙的中点，自该点引一垂线即为墙面的中线。

有了这些分开间线和中线，再把门窗相应地填进去，从而就可以近似地把整个建筑物的透视轮廓画出来了。

下面让我们再来分析一个坡屋顶建筑的例子(图6〔2〕)。假定该建筑物的高度为 $h$,长度为 $2h$,宽度为 $h$,屋脊比屋檐高出 $h/2$。按照前一个例子的方法,我们可以很快地就把建筑物檐口以下部分的形体的透视轮廓确定下来,剩下的问题是如何画屋顶。我们知道,屋脊的位置应处于建筑物的正中,这就是说,它必然在山墙的中线上。山墙的中线可以用作对角线相交的方法求得,所以,只要能够定出屋脊的透视高度就可以把屋脊的透视求出来了。屋脊的高度可以这样来确定:延长 $AB$ 至 $C$,使 $BC=h/2$,再过 $C$ 点作一通过左边消失点的直线,这条直线与山墙的中线交于 $D$ 点,那么 $D$ 点即为屋脊的一端。自 $D$ 点作一直线并使之过右边的消失点,这条直线与另端山墙的中线交于 $E$ 点,那么 $E$ 点即为屋脊的另一端。至此,只要把屋脊的两个端点(即 $D$、$E$)分别与屋檐的端点相连,整个建筑物的基本轮廓就被画出来了。至于分开间、画门窗等细节,其方法与前一例相同。

以上是就两个简单的例子来说明徒手画透视的要领。当然,在实际工作中所遇到的对象要复杂得多,但是任何复杂的东西都是由简单的东西组合而成的,只要我们掌握了基本要领,就是遇到一些比较复杂的对象,还是可以一步一步地循序地推导出其透视关系来。图6〔3〕所示就是一个比较复杂的建筑形体的例子,然而,其主体部分仍不外是一个简单的长方体,其长、宽、高的比例为4:2:1。对这样的形体前面已经作过分析,现在假定在其正面第四个正方形开始的地方附属一个廊子,其高度为主体的1/3,那么,我们可以参照求屋脊的方法,定出廊子的透视高度,再按照一定的消失关系即可以画出廊子的檐口线。至于廊子的透视长度可仍按前述判断正方形比例的方法来确定。

和廊子相连接的另一附属建筑,同样也可以按照这种方法来推导。但要考虑到它对廊子有一定的遮挡,这就应当从廊子上扣除一定的长度。

位于主体后面的烟囱,其位置应从平面、空间的比例关系上来判断;高度则应按透视消失的关系来推导,即把它的实际高度表示在离我们最近、最突出的屋角处(亦即画面上),然后按照透视的消失关系移至山墙的另一端,再按照一定的消失关系就可以把它转移到烟囱所在的位置上了。

徒手画透视具有快速、简便、容易控制透视角度并获得良好效果等优点,因而具有很大的实用价值。例如,设计工作人员在推敲研究设计方案时,一般都不可能用很多时间去画所谓"正规"的透视图,而用徒手的方法来画透视,就可以很方便地帮助我们来研究建筑物的形体比例和空间关系。

## 圆的透视的画法

在建筑绘画中,往往会遇到画圆的透视的问题。例如表现拱券、拱廊、穹窿、水塔、烟囱,乃至圆形的建筑、柱子、装饰等,都必然要涉及到圆的透视。

圆的透视为椭圆,这是一般的常识,但是,怎样具体地来确定它的形状呢?一般都是用以方求圆的办法来解决的。大家知道,正方形的透视是比较容易求得的,而圆的透视求起来则比较困难。然而只要我们在圆的外边作一外切正方形,当我们求出正方形的透视之后,那么,圆的透视——椭圆,其大体形状也就比较容易确定了。

图7〔1〕所示说明:圆和其外切正方形之间,具有这样的关系,即圆的外切正方形

的四个边的中点，都是圆的切点，这就是说，圆必然要经过这四个点。

另外一个关系是：假定外切正方形 *ABCD* 的某个边如 *AB* 的中点为 *E*，自 *E* 点作线与 *EB* 成 45°角，再自 *B* 点也作线与 *BE* 成 45°角，这两条线相交于 *F*，然后再以 *E* 点为圆心，*EF* 为半径作圆弧与 *EB* 相交于 *G*；再自 *G* 点作线平行于 *BC*，那么这条线与对角线 *BD* 相交的点，也就是圆所必然要经过的点。按照这种关系，我们还可以找出圆所必然要经过的另外三个点。现在我们已经把圆所经过的八个点的透视位置确定下来，通过这八个点所作的椭圆，就是我们所要求的圆的透视。

尽管圆的透视都是椭圆，但是这种椭圆变化的幅度却很大，有时十分细长，接近于一条直线；有时则很肥胖，接近于圆。这种变化主要取决于我们从哪个角度来看它。例如，一组位于我们视线上下的圆（图 7〔2〕），从透视上看去，愈是高处的我们看到它的底面愈宽，愈向下愈窄，直到正处于视平线上的，则成为一条直线。再往下，我们就可以看到它的顶面，并且愈低看到的顶面愈宽。处于我们视平线左右的圆的透视情况也是这样，即正处于心点位置的圆成为一条直线，距心点愈远显得愈宽。

一般地讲，在建筑绘画中有了以上初步的概念就够了。但是再深入一步，这种由窄到宽的变化，也要符合于一定的规律，这也是用作圆的外切正方形的透视来检验的。一组圆的透视的外切正方形，它们的对角线的透视应当消失于一点，如果其中某个对角线的透视不消失于这一点，就说明这个椭圆的宽窄不适当，应予以调整。

在以上举的例子中，圆的透视都可以按正椭圆来考虑。但是，如果圆的位置不是正好处于心点的上下或左右，而是处于斜下方（同上图），如图示的那样，其圆的外切正方形的透视则成为一个斜菱形，这时，圆的透视就不是一个正椭圆，而成为斜轴椭圆了，这就是说椭圆的长轴发生了倾斜。至于向哪个方向倾斜，要看圆的位置来定。以本例来讲，如果以心点当作基准，这个圆是在右下方，其长轴是朝着逆时针的方向倾斜的。在左上方的圆也是这样。而处于右上方或左下方的圆，其情况则相反，即圆的透视的椭圆长轴朝着顺时针的方向倾斜。

懂得这个道理，不仅可以使我们对于圆的透视的变化认识得更深刻，而且，对于我们正确地去画圆和圆柱体的透视，也有很大的帮助。特别是圆柱体（图 7〔3〕），由于它两个边的外轮廓线是相互平行的，透视感很强。只有严格地按照我们从不同角度来看它的特点，充分地考虑到圆的透视——椭圆的变形，才能把圆柱体的透视画准确。

## 立面阴影的画法

在建筑绘画中，阴影对于表现建筑形象起着十分重要的作用。我们可以用照片来作比较，一张照片是在晴天时拍摄的，建筑物具有明确的光影效果；另一张是在阴天时拍摄的，没有明确的光影效果。如果把这两张照片放在一起作比较，显而易见，前者会使建筑物的形体、凹凸转折关系和空间层次表现得清晰、肯定，而后者则含混不清。照片是这样，绘画更是这样，如果没有明确的光影明暗关系，我们就不能有效地表现出建筑形象。特别是对于立面表现图来讲，光影的效果尤为重要，这是因为如果没有阴影，绝大部分建筑构件如出檐、门窗、阳台、凹廊、线脚等的凹凸关系，甚至根本无法表现。

阴影是随着光线的角度变化的，光源不同，阴影的形状也不同（图8〔1〕）。光源一般可分为两类：一类是灯光，这类光源的光线是辐射状的；另一类是阳光，这类光源的光线则是平行的。灯光只适合于画室内透视，一般很少使用，求起来也很麻烦，这里就不作分析了。

在建筑绘画中，常用的光源是阳光——一种平行的光线。而且为了便于表明建筑构件的凹凸程度，在立面表现图中，对于光线的角度也有明确的规定（同上图②），即假定光线从建筑物的左上方照来，其水平或垂直投影角均为45°。这种光线从空间关系上讲，相当于正立方体的对角线。选用这种光线角度的最大优点是：通过影子的宽窄可以表现出投影物——如出檐、阳台、雨罩等的实际深度，从而使立面的正投影也能显示出三度空间的关系来。

在立面表现图中，最常见的影子是檐部的影子（图8〔2〕）。在一般情况下，由于正、侧两面出檐的长度是相等的，因而这种影子只要从侧面出檐的下缘作一45°线与墙面相碰即可求出。对出檐不等的建筑物，则应把立面和挑檐的平面投影结合起来考虑。例如在正面出檐大于侧面出檐的建筑物上，求檐部阴影时应延长上述的45°线，直至其垂直投影和正面出檐的长度相等，再转为水平线。在侧面出檐大于正面出檐的建筑物上，这种转折处落在侧立面上，正立面上出檐的影子下缘仍为一条水平线，其宽度与正面出檐的长度相等。

正立面上如果有凹凸转折等变化，檐部的影子也将随着变化，凸出部分檐部的影子窄一些；凹入部分檐部的影子则宽一些，其宽窄变化应与该处出檐的长度变化相等。立面有凹凸转折变化的建筑物，除檐部影子有变化以外，凸出部分还因遮挡光线的关系而在立面上产生竖向的影子，其宽窄则因凹凸的程度而异。其它如窗套、门廊等处的影子，也如图8〔2〕所示，都可以从立面和平面等关系中来判断它们的形状及位置。

台阶、踏步的影子，比较复杂一点，这里举两种不同类型的例子供参考（同前图）。

下面简单地分析一下确定立面阴影的原则（图8〔3〕）。除了少数比较复杂的对象，必须用画法几何中投影的方法来求外，一般常见的立面阴影，都可以根据下述原则用简便的方法来确定。这些原则是：(1) 凡是平行于立面的直线，其影子仍为一条与其本身平行的直线。以雨罩、门洞为例，水平线的影子仍为水平线，垂直线的影子仍为垂直线，其宽度应与投影物至落影面之间的距离相等。(2) 凡是垂直于立面的直线，其影子为一条45°的斜线，如雨罩两侧的边线，投在立面上的影子即是这样。

一般地讲，立面上的阴影，主要都是由这样一些线条的影子组合而成的。如果我们学会了分析这些基本线条的落影规律，就可以画出立面上的阴影来。

个别体形变化比较特殊一些的建筑物（图8〔4〕）还可能会涉及到球体、圆柱体的阴影的画法。这些东西单凭直观的想象来判断是有一定困难的，那就只能借助于投影的方法来求了。

## 透视阴影的画法

在立面表现图中，光线都假定从建筑物的左上方照来，其水平及垂直投影的角度均为

45°。而在透视表现图中，光线的投射角度则需要作者自己来假定。为此，我们在作好建筑物的透视轮廓后，应当选择适当的光线投射角度，以取得良好的阴影效果。

透视阴影的求法，比起立面阴影要麻烦得多。需要根据事先假定的光线角度，找出光线水平投影的消失点及光线的消失点，并从光线的水平投影关系中，反过来寻求一些对于落影具有特殊意义的点，再按照光线的消失关系，去确定它的落影位置，如图 9〔1〕所示的那样，即使是一个最简单的建筑形体，要求出它的透视阴影，也是比较麻烦的。因而，在建筑绘画的实际工作中，既不可能也不必要严格地按照这种方法来画透视阴影，通常都是用近似的方法来确定透视阴影的大体轮廓。但是尽管如此，我们还是力求把它画得准确一些，至少在一些大的走向和转折关系上不要发生明显的错误。为了达到这个要求，我们还有必要来探索徒手画透视阴影的方法，并摸清一些常见的、基本的透视阴影的变化规律。

1. 横向阴影的画法：檐部、遮阳板、楣线、窗台线等的阴影，都是属于横向（水平方向）的阴影。在建筑绘画中，檐部的影子是最有表现力的。

檐部的阴影怎么画（图 9〔2〕）？我们不妨从最简单的现象入手来分析（同上图①）：一条平行于正面的水平线，其在正面上的落影仍为一条与其平行的直线，而转到侧面时则变为斜线。影子的位置随着光线投射角度的变化而变化。当光线平缓，投射角度小时，影子的位置较靠上，转到侧面时影子的斜度也较平缓；而当光线倾斜，投射角度大时，正面上影子的位置较靠下，转到侧面时影子的斜度也较大。

一条水平线在凹凸不平的正面上的影子（同上图②），如同用刀子按照光线的投射角度斜切下去后所得之交线。愈是凸出的地方影子愈靠上，愈是凹入的地方影子愈靠下。从图中可以看出，影线和对象水平方向的剖面线保持着一种相应的关系。影线的曲折变化程度，因光线的投射角度不同而异，光线平缓时，曲折变化不太明显，光线愈斜，曲折愈明显。

檐部转角处（即檐角）影子的落点可参看图 9〔2〕③，即光线的投射角度与哪一个墙面的夹角小，檐部转角处的影子就落在哪一面墙上，并且出檐在这面墙上的落影位置也较靠下（即影子要宽一些）。

有了以上基本概念，我们就可以用近似的方法来画檐部的阴影了（图 9〔2〕④）。举例如下：

第一种情况：在光线Ⓐ的照射下，在正面上落影较宽，在侧面上落影较窄，檐角的影子落在正面。

第二种情况：在光线Ⓑ的照射下，在正面上落影较窄，在侧面上落影较宽，檐角的影子落在侧面。

第三种情况：在光线Ⓒ的照射下，整个侧面和所有平行于侧面的面，均为不受光的暗面，这时，正面上檐部的阴影（属于横向的阴影）和墙垛的阴影（属于纵向的阴影）连成一体。

第四种情况：在光线不变的条件下，当我们转到建筑物的正前方来看它时，右半部的阴影与第一或第二种情况相似；左半部的阴影与第三种情况相似。

以上就是檐部阴影的画法。我们学会了这些方法以后，对于画其它横向阴影——如遮阳板、楣线、窗台线等的阴影的问题当可迎刃而解。

2. 纵向阴影的画法：我们在前面已将横向阴影的画法作了详细分析，如果把它旋转90°，就成为纵向阴影的画法了（图 9〔3〕）。由于道理相同故不赘述。

横向与纵向阴影，在建筑绘画中都是常见的。下面，我们可以通过一个实例来说明纵向阴影的应用。

图 9〔3〕表示一个入口的局部。墙垛 *AA′* 在门上的落影为 *SS′*，它和檐部的影子一样，愈是凸出的部分，影子愈窄，愈是凹入的部分，影子愈宽。图中 *II′* 为门的垂直剖面线，我们可以把 *SS′* 和 *II′* 作比较，这两者是互相呼应的，只是 *SS′* 比 *II′* 曲折的程度略为明显一点。

3. 用模拟的方法画透视阴影：阳台、雨罩、门廊等建筑构件的阴影，可以用模拟的方法来画（图 9〔4〕）。这种方法是：首先分析方、圆、三角形等基本几何形状在不同情况下投影于墙面上的规律；然后再把建筑上的构件——如阳台、雨罩等也对应地分解成为简单的几何形状，按照相同或类似的条件，分别模拟前者而近似地画出阴影。

根据方、圆、三角形等基本几何形状与背景相互关系的三种不同情况，产生三种不同的影子：

第一种情况：平行于背景（同上图①），这时，这些几何形状的影子都不变形，即正方形的影子仍为正方形；圆的影子仍为圆；三角形的影子仍为三角形。

第二种情况：使之纵向地垂直于背景（同上图②），则按照光线的倾斜角度不同，正方形的影子成为菱形；圆的影子成为椭圆；三角形的影子虽然仍为三角形，但其形状则有所改变。

第三种情况：使之横向地垂直于背景（同上图③），其影子与第二种情况大体相同，即正方形的影子仍为菱形；圆的影子仍为椭圆；三角形的影子仍为形状有所改变的三角形，只是在方向、位置和形状上略有不同。

有了上面这些基本概念后，再去观察实物——例如阳台，它的正面的影子应当和上述第一种情况中方形的影子相类似；它的侧面的影子，应当和第二种情况中方形的影子相类似；它的底面的影子应当和第三种情况中方形的影子相类似。根据这种道理，我们就可以参照方形的影子的投影规律而近似地画出阳台的影子。又例如筒壳出檐部分落在墙面上的影子，我们可以模拟着圆的影子来画；而矩形断面的小肋，又和阳台的情况类似，把这两者叠合在一起，就是整个出檐的影子。

4. 鸟瞰图阴影的画法：画鸟瞰图的阴影也可以采用模拟法（图 9〔5〕），即先研究一下几种基本影子的走向，然后分别情况相应地模拟这几种基本影子的走向而近似地画出建筑物的影子。因为这种方法的基本道理前面已经作过分析，这里就不重复了。

5. 台阶、烟囱阴影的画法：台阶、烟囱（在坡屋面上）的影子，求起来麻烦，稍不注意又容易画错，这里分别论述如下：

所谓台阶的阴影，就是指台阶边墙（或栏杆）在踏步上的落影（图 9〔6〕）。台阶边墙有两种不同形式：一种是平的；一种是斜的。对于前一种形式的台阶，如上图①所示：我们可以把台阶边墙内侧的垂直边线延长出来得Ⓐ；把水平边线延长出来得Ⓑ。根据日常生活经验不难看出：Ⓐ线落在踏步上的影子应为Ⓐ′，Ⓑ线的影子应为Ⓑ′，Ⓐ′，与Ⓑ′所围的部分就是影子的范围。在这个例子中应当注意的是：Ⓐ′在踏步的垂直面上仍保持垂直，在踏步的水平面上则是斜的；Ⓑ′在踏步的水平面上仍与Ⓑ平行，而在踏步的垂直面上则是斜的。

对于另外一种形式的台阶（同上图②），其边墙内侧边线©在踏步上的落影应为©′，但应注意的是：©′无论在踏步的水平面上或垂直面上都是斜的。

烟囱在坡屋面上落影的形状（图9〔7〕），可以从烟囱上口（矩形）在屋面上的落影入手进行分析：假定烟囱上口的矩形为*ABCD*，由于*AD*、*BC*与屋脊平行，因而其影子Ⓐ′Ⓓ′*B*′*C*′也应与屋脊平行，这就是说*A*′*B*′*C*′*D*′必然是一个平行四边形。再把*A*′、*B*′、*C*′、*D*′分别与*ABCD*在屋面上的投影连接起来，即可画出烟囱在坡屋面上的影子。

6. 两坡屋顶檐部阴影的画法：两坡屋顶也是一种常见的建筑形式，通常有悬山、硬山之分。所谓硬山，就是指在山墙这一面没有出檐，当然也就不会产生阴影。这里所分析的是两坡悬山式屋顶檐部阴影的画法（图9〔8〕），这种屋顶一般地讲正面和侧面出檐的长度是相等的。当光线的角度确定之后，我们可以从出檐部分的水平投影图中来判断檐角的落影位置。如图所示：当光线*A*照来时，檐角的影子应落在正面，这时正立面上的影子较宽，侧立面上的影子较窄；当光线*B*照来时，檐角的影子应落在侧面（即山墙面），这时，正立面上的影子较窄，侧立面上的影子较宽。另外，在以上两种情况中不论是属于哪一种情况，侧面出檐在山墙上的影子其斜度都应与屋面的坡度相一致，并且前半部的影子总是要宽于后半部的影子。

以上我们从六个方面把建筑绘画中所经常遇到的透视阴影的近似画法，作了一个简单的分析。应当强调的是：在画透视阴影的时候，要时刻注意保持光线角度上的一致，只有这样，整个画面才能使人感到是在一种光源的照射之下，才能获得统一和谐的光影效果。

## 透视表现图中的分面及高光

光亮与阴影是互为依存而又相互对立的，光亮表示着明，阴影表示着暗。明与暗的对比在建筑绘画中起着十分重要的作用，如果不能正确地处理好明、暗这两者的关系，画面必然暗淡而无光彩（作为特殊表现手段的白描例外）。但是，我们还要看到明暗的变化是复杂的，不能简单地认为：凡是受光的地方都一样的明亮；凡是不受光的地方都一样的阴暗。客观的现象表明：受光的地方还因受光的条件不同而有最亮和次亮之分；不受光的暗面也还因反光的作用而有最暗和次暗之分。这些最亮、次亮、暗、反光等再加上自亮转化至暗的明暗交界线，就是素描中所讲的三大面和五个调子。

现在举两个例子来作具体说明：图10〔1〕所示的立方体，共可看到三个面，其中一个面迎着光，受光最充足，因而最亮，称之为最亮面；另一个面侧着光，受光条件较差，亮度次之，称之为次亮面；第三个面背着光，很暗，称之为暗面，这就是素描中所谓的三大面。

图10〔2〕所示为一圆柱体，在光线的照射下，由于各部分受光的情况不同，而呈现出自左至右的明暗变化是：由次亮到最亮（亦称高光），又由最亮到次亮，接着是由受光部分转到不受光部分的明暗交界线，然后便是不受光的暗面，最后，由于反光的作用又使暗面变得稍亮。这种次亮、最亮、明暗交界线、暗面、反光便是素描中所讲的五个调子。

最亮和次亮均为受光面，只是由于受光的程度不同而呈现出一些明暗的差别，这些差别不甚显著，是属于量变的范围。暗面和反光部分均不受光，只是由于反光的作用，使其暗的程度有所不同，故也属量变。而自受光的亮面转化到不受光的暗面，其明暗的差别是异常显著的，这属于质变的范围。

在建筑绘画中，我们既要把握住明暗在质的方面的变化，正确地区分出光亮与阴影，受光面和不受光面；又要把握住明暗在量的方面的变化，区分出最亮面和次亮面、暗面和反光面。只有这样才能够充分地表现出建筑形象的体形转折和空间关系。

所谓分面，就是指在建筑绘画中按照因受光条件不同而在建筑物各部分呈现出的各种明暗变化，用深浅不同的色调，把受光面和不受光面区分开来，把受光充足的最亮面和受光欠充足的次亮面区分开来。经过分面之后，建筑物的体形转折和空间关系就更加明确地被表现出来了。

区分亮面和暗面比较容易，因为这两者的差别比较显著，容易察觉。而区分最亮面和次亮面则比较困难，因为这两者的差别不甚显著，容易被忽略。关于区分亮面和暗面的方法，在前一节中已作过分析，本节将着重地来研究一下怎样分析、判断亮面中的明暗变化问题。

仍以图 10〔2〕为例，圆柱体在平行光线 $L$ 的照射下，假定 $L$ 从左前方沿 45°角照来，通过观察可以看出：最亮的地方是在与光线成垂直的部位 $A$ 处；自 $A$ 向左右两侧，都因与光线的角度逐渐减小而变暗；在 $B$ 点，它与光线完全平行，也就是说与光线的角度已减小至零，因而成为由受光面转到不受光面的临界点——明暗交界线。

从这一变化过程中，可以看出这样一种规律：与光线的角度愈是接近于垂直的面，受光愈充分，愈亮；与光线的角度愈是倾斜的面，受光愈不充足，愈暗；与光线平行的面，则完全不受光，而成为暗面。

通过以上具体实例的分析而得出的结论，还可以进一步上升为具有普遍意义的公式——受光面的明暗与光线投射角度（$\theta$）的正弦（sin）函数成正比（图 10〔3〕）。运用这个公式，我们就可以按照光线投射角度的大小来确定任意对象的明暗变化。

下面让我们以简单的立方体代表建筑形体，来比较一下，在不同光线照射下，建筑物的几种不同分面情况（图 10〔4〕）：

第一种情况是：当光线从右侧照来时，立方体的右面迎着光成为亮面，而左面背着光成为暗面。按照图示的角度，也可以说建筑形体的正方面为暗面，侧立面为亮面。

第二种情况是：当光线从左侧照来时，立方体的左面迎着光成为亮面，而右面则背着光成为暗面。这与上述第一种的情况正相反，即建筑形体的正立面为亮面，侧立面为暗面。

以上两种受光情况，都是属于一个面受光，而另一个面背光。这种分面的特点是：明暗对比强烈，反差大，分面清晰、肯定。

第三种情况是：当光线从正面（前方）照来时，立方体的左、右两个面均受光。这里又可分为三种不同的情况：(1) 光线从前偏左的方向照来，这时，虽然两个面均受光，但左侧面与光线的夹角较接近于直角，故亮度大而成为最亮面；右侧面与光线的夹角较接近于零，故亮度小而成为次亮面。(2) 光线从前偏右的方向照来，这时，右侧面与光线的夹角较接近于直角，故亮度大而成为最亮面；左侧面与光线的夹角较接近于零 ，故亮度小而成为次亮面。(3) 光线从正前方照来，由于两个面与光线的夹角相等，故亮度相同。应当指出：这后一种受光情况是不利于分面的，在建筑绘画中应当避免使用；而前两种情况，则有利于分面，我们可以根据建筑物的特点酌情选择。

两个面均受光，其中一个面为最亮面，一个面为次亮面，从分面上讲虽然不及一明一暗那样对比强烈，但是它却具有另外一些优点，因而在建筑绘画中采用最广泛。关于这个问题，我们可结合建筑绘画的几个实际例子，再作深入一步的分析：

1. 一个面受光，另一个面不受光。这种正、侧两个面一明一暗的受光情况，具有对比强烈的特点，对于表现建筑物大的体形转折是比较有利的。但是，它的缺点是：处于暗面中的门窗、线脚等局部的凹凸转折关系，却由于失去了明确的光影效果而不易刻画。所以在建筑绘画中一般都避免使大面积的正面处于不受光的地位。只是在个别情况下，为了取得某种特殊的效果，才假定光线从侧后方照来。这时，建筑物的正面为暗面，侧面为亮面，从而使整个建筑物处于逆光的情况。图 10〔5〕所示的中国革命历史博物馆的门廊，即是属于这样的例子。在这个特例中，由于空廊部分可以透过光线，因而并不显得沉闷，相反，还可以借助于逆光效果来分出柱廊的层次。

另外，还有一种特例也应考虑采用这样的受光情况，即某些坐南朝北的建筑物，如北京火车站，它的正面经常都是处于不受光的地位，为了真实起见，选择这样的光源，将使表现图能够反映工程建成后的实际效果。

和以上两个特例不同，对某些建筑物来说，如果使其正面处于受光的情况，而使其侧面为暗面，往往可以取得较好的效果。特别是侧面面积较小而又比较平淡的建筑物（图 10〔6〕），更加适合于采用这样的受光情况。

2. 正、侧两个面均受光，可以避免上述一个面不受光所带来的缺点，但应注意不要使两个面受光均等。因为受光均等时分面就不明显，所以，应使光线与一个面接近于垂直，而与另一个面接近于平行。这样，两个面虽都受光，但受光的多少很悬殊，明暗差别很明显。这种受光情况（图 10〔7〕），不仅分面明确，而且正、侧面上均有光影和明暗变化，效果良好，因而在一般建筑表现图中用得最普遍。

3. 既有最亮面，又有次亮面，还有暗面及影子。由于这种受光情况（图 10〔8〕）比前一种又多了一个层次（因为在前一种情况下不可能看到暗面），所以对于取得表现效果是有利的。但是因为透视角度所限，一般只适用于从正面看去的平行透视。

4. 图 10〔9〕所示为两个面受光条件相同的例子。由于正、侧两面没有明暗差别，也无从分面，因而效果不好。在建筑绘画中应避免选择这种受光情况。

以上讲的是分面，下面让我们再来看一看高光是怎么一回事？

高光是指那些与光线角度完全垂直，受光最充足，因而也是最亮的部位。这些部位多分布在建筑物的各个棱角边缘上，虽然面积很小，但在画面上却起着重要的作用，是建筑绘画中所不容忽视的一个因素。

不同形状的物体具有不同形状的高光，球体的高光为一个点，圆柱体的高光为一条线。那么，为什么建筑物的高光多分布在凹凸转折的边棱上呢？这是由于大多数建筑材料都比较粗糙，因而，所有转角处的直角棱都可以把它考虑为一个极小的圆角（图 11〔1〕），这样，当光线从某些角度照来时，就会象圆柱体一样，出现一条线状的高光。

懂得了这个道理之后，在实际应用中就不难确定高光的位置，因为，凡是迎着光的边棱都必然要产生高光。例如，以立面表现图来讲（图 11〔2〕），由于光线假定为从左上方照来，因而在图示的建筑形体中，凡是靠左边的和上边的直角棱，都有一条很窄的高光面。在透视图中也是这样，即凡是迎着光的直角棱都必然要产生高光。但是，在透视图中，有些地方虽然从理论上讲应当有高光，然而由于效果不甚明显，而且画起来又很困难，所以就从略了。至于哪些部位的高光可以省略不画，哪些部位的高光必须表现，这个问题应当根据情况作具体分析。一般地讲，凡是和最亮面（按与次亮面相对地讲）相毗邻的高光都可以省略不画，因为这一部分高光由于失去了衬托而不甚明显。而除了这一部分以外的高光则应予以表现（同上图）。

## 透视表现图中的退晕

退晕也是一种明暗变化，与光影和分面相比，这种明暗变化又更为细微，如果我们不细心地观察就会被忽略。然而，它对于深刻地表现建筑形象却起着重要的作用。有一些表现图由于缺少光感和空气感而使人感到呆板、无生气，其根本的原因就在于没有退晕。

那么，为什么退晕会给人以光感和空气感呢？我们可以从三个方面来分析：

1. 因反光的作用而产生的退晕变化：物理学的常识告诉我们，离光源近的地方亮度大，离光源远的地方亮度小。例如，当点燃一支蜡烛时，墙面上就会出现一种环状的、均匀的退晕现象（图 12〔1〕）。离烛光最近的地方，亮度最大，并以烛光为中心向四周逐渐地变暗，呈现出均匀的退晕。

我们把这个原理具体运用到建筑绘画中去，就可以看出有许多退晕现象是由于反光所引起的，图 12〔2〕表示由于地面的反光作用而使墙面产生的退晕现象——愈是接近于地面的部分，受地面反光的影响愈大，因而也愈亮。正是由于这个道理，使得建筑物在一般情况下，都具有上深下浅的退晕现象，特别是在地面颜色较浅、反光能力较强的情况下，这种现象尤其明显。

2. 因视觉上的因素而产生的退晕现象：这是和光影关系密切联系着的另一种因素。可以分两种情况来讲：

一种情况是表现在墙面上的退晕（图 12〔3〕）。由于一般的建筑材料其表面都是比较粗糙的，我们可以把它的表面看成是由许多颗粒所组成的。假定光线从上方照来，而视点取在墙面的中间，这时，我们所看到的上半部分的颗粒的阴影面积大，而愈是往下，阴影的面积愈小，这就形成了一种上深下浅的均匀的退晕现象。根据同样的道理，如果光线从左边照来，则会出现左深右浅的退晕。

一般人的想象都以为光线从哪一边照来，哪一边就应当亮一些，而事实恰恰相反。这表现在立面表现图中最为明显。例如，立面表现图的光线都假定由左上方照来，因而，按照以上的分析，每一个受光面都应作左深右浅和上深下浅的退晕，才能够正确地表现出建筑物细微的明暗变化，从而获得光感的效果。

另一种情况是表现在屋面上的退晕。各种瓦屋面，在水平方向的退晕十分显著，这也是由于视觉的原因造成的。例如，一个折面（图 12〔4〕），当光线从左面照来时，迎光的一面亮，背光的一面暗，如果我们从当中来看它，则愈是靠左边的，所看到的暗面的面积愈大；相反，愈是靠左边的，所看到的亮面的面积愈大。由于是渐变，所以就呈现出左深右浅的退晕现象。我们通常所看到的玻璃瓦、筒瓦、陶瓦、水泥瓦、石棉瓦等，其表面均为一种竖向的棱状物，和以上所举的折面十分相似，因而在光线的照射下，就会产生水平方向的退晕现象。

3. 因透视的因素而产生的退晕现象：由于空气中的水蒸气、灰尘的遮挡作用，凡是处于近处的东西，看上去对比度就大，清晰；而处于远处的东西对比度则小，模糊（图12〔5〕)。因而，当我们透视一个建筑物时，同样深浅的东西，如檐部的影子，处于近处的就较深，而随着距离的加大，愈远愈浅。这种现象也表现为一种自深至浅的退晕。

在上述三种因素中，前两种因素是光感的依据，后一种因素是空气感的因素。一般讲来，较高的建筑物，竖向（上、下）的退晕比较显著；较长的建筑物，横向（左、右）的退晕比较显著。前者主要是由于地面反光造成的，后者则主要是由于透视的因素所致。

特殊形体的建筑物，如圆形的建筑（图12〔6〕)，其退晕关系往往因受光的角度不断改变而变化。遇到这种情况时，我们可以先把它简化成为基本几何形体，然后按照光线照射角度的不同来分析其明暗关系及退晕变化。

对于一般建筑物的透视表现图来讲（图12〔7〕)，考虑到以上诸因素的共同影响后，我们通常都是从建筑物距我们最近、最突出的部分——屋角的檐部开始，分别向下、向左、向右等三个方向作自深至浅的退晕，以便同时取得光感和空气感。当然，这只是一般的原则，我们也不能不加分析地一律对待，在某些特殊的情况下，还要针对建筑物和环境的具体情况来确定它的退晕变化。例如某些高层建筑（图12〔8〕)，由于建筑物太高，地面反光所能给予的影响是有限的，而透视的因素（上下方向）却起着决定性的作用，这时其竖向的退晕也可能是上浅而下深。

还有一种会导致退晕现象的因素是人的视觉上的聚焦作用，关于这一点留待焦点与重心一节中再作详细说明。

建筑物不仅在整体上有退晕，而且每一个局部都应有退晕的变化，只是有的时候这种变化不甚明显，也就不予考虑了。但是，阴影部分的退晕则不容忽视，这是因为阴影部分虽不受光，可是反光对它的影响却很大，所以它的退晕现象是十分显著的。如果忽视了这种退晕，则画出的影子就会因为失去了光感而变得不透明和死板。

一般说来，影比阴要深一些（图13〔1〕)。但是，当深色的对象投影于浅色的背景时，也可能出现阴比影深的现象。

从立方体、圆柱体、球体等简单的几何形体来看，阴部的明暗变化退晕具有这样的特点：即处于明暗交界线的地方最深，由于反光的作用，离明暗交界线愈远则愈浅，并呈均匀的退晕。

檐部影子的退晕，是由于檐部顶棚的第二次反光造成的（第一次反光为地面的反光)，即愈是靠近顶棚的上部，受顶棚的反光的影响愈大，因而也愈亮；愈靠下则愈暗（图13〔2〕)。

在某些情况下，阴影部分的退晕不仅受到顶棚反光的影响，而且还同时受到地面反光的影响。在这种情况下，退晕的变化就更加复杂些。图13〔3〕所示的门廊和拱门的阴影的退晕，就不单是受着一种反光的影响。它们或者是受顶棚反光的影响；或者是受地面反光的影响；或者是受墙面反光的影响；或者这三者影响都兼而有之，总之，反光的现象是复杂的，我们在作退晕时应细心地加以分析。

在考虑阴影部分的退晕时，还应注意到人的视觉上的对比作用。前面曾经提到的几种简单的几何形体的暗面最深地方应在明暗交界线处，这除去反光的因素外，同时也因为该处明暗对比最强烈，所以格外显得深一些。根据这个道理，我们在画影子的时候，就应当把它与亮面毗邻的边缘——明暗交界线，特别加深一些，以增强退晕的效果。

下面，结合退晕来讲一讲在建筑绘画中关于夸张手法的运用。

通过对于实物的观察，我们可以看出很多退晕的现象，但是，在某些情况下，退晕的现象并不明显。那么，在建筑绘画中应当怎样来对待呢？是机械地、刻板地拘泥于真实，如同用照相机来拍摄实物一样呢？还是采用夸张的手法，把某些细微的退晕现象，予以适当地强调，从而获得良好的效果呢？我们认为建筑绘画作为一种表现建筑形象的方法，是允许适当地采用夸张的手法来取得效果的。这不仅不违反真实，反而是更加深刻地反映了真实。事实证明：在建筑绘画中，只要我们能够善于抓住那些反映现象的本质的东西，再用夸张的手法予以强调，就能够使我们所要表现的建筑形象，比真实的建筑物或照片更集中、更典型、更深刻。

在建筑绘画中，关于夸张手法的运用很广。除了表现退晕之外，其它如表现远近层次、焦点、重心、虚实等关系，都离不开夸张手法的运用。

## 建筑材料的质感表现

建筑材料的色彩和质感，直接影响到建筑物的外观。因此，在建筑绘画中，除了表现建筑物的形体结构和光影明暗外，还必须真实地表现它的色彩及质感（图 14）。

用建筑模型来表现设计方案，具有直观性和立体感强等不少优点，但是由于它不可能完全模仿真实的建筑材料来制作，因而在真实感方面总不免存在一些缺陷。而好的建筑表现图却可以克服这方面的不足，反之，如果在建筑绘画中对于材料的质感表现得不真实，就会使人感到看起来象模型。

以上是从一般意义上来说明质感表现的重要性。另外，对于某些专门以材料的质感处理而获得良好效果的设计方案来讲，如果不能充分地表现出材料的质感效果，则将不能很好地反映设计意图。因为在这样的设计方案中，材料的选择、组合和处理都是经过认真推敲研究的，是反映设计意图的一个重要的组成部分。例如图 14〔1〕所表现的某住宅建筑设计方案，就是一个很好的例子。在这个例子中，由于充分地利用了抹灰和清水砖墙这两种建筑材料在色彩和质感上的对比，而取得良好的效果。因而，要充分地表达设计意图，就必须真实地表现出建筑材料的质感特点。

又如某些建筑物（图 14〔2〕），由于大面积地使用了玻璃而丰富了它自身的虚实变化和空间层次感。这就给建筑绘画提出了一些新的课题，即要求表现出玻璃这样一种比较特殊的建筑材料的质量——既反光又透明的效果来。

还有一些建筑物（图 14〔3〕），由于就地取材而具有鲜明的地方色彩。对于这样一些建筑物，能否成功地表现出材料的质感效果，无疑具有十分重要的意义。就是最一般的建筑物（图 14〔4〕），如果忽视了质感的表现，也将难以取得良好的效果。

建筑材料的品种很多。在外檐装修上用得较多的有：砖、石、水泥、玻璃、面砖以及各种屋面瓦；在内檐装修上用得较多的有木材、大理石、水磨石、磁砖、石膏等。我们在作建筑物的室外表现图时，通常要表现的是前一类建筑材料的质感；而在画室内透视时，则主要表现的是后一类建筑材料的质感。除了这些基本的建筑材料之外，其它如灯具、家具、帘幕等陈设还将涉及到更多材料的质感表现问题。这就要求我们在日常生活中随时注意观察各种东西的质感特点。

关于表现质感的手法，由于建筑材料的名目繁多，而且还因画种的不同而不尽一律，这里不能详述，留待建筑绘画的技法一章中分别介绍。

## 重心、焦点与虚实

不论是何种绘画，都应当遵循一个原则，即画面构图应当做到主题突出、层次分明，也就是说，一幅画应当有重点（或叫重心），而不能平均对待。对于建筑绘画来讲也是这样，所谓主题突出，首先就是要突出建筑物。其次，对于要突出的建筑物本身来讲，同样也存在着一个主次问题。这就是说、对于建筑物的各部分也应区别对待，有的部分要仔细刻画，其它部分则应适当地放松。否则，若是对所有的部分都不加区别地精雕细刻，就会产生不好的效果——即就每一个局部来讲可能都很精采，但就整体而言，却往往因无重点而失色。

在建筑绘画中，为什么应当有重心而不能平均对待呢？这与人的视角特点有着密切的联系。人的视野，犹如一个扁圆的锥体（图 15〔1〕)，在靠近锥体（又称视锥）中心的部分，看起来特别清晰，对比度强，轮廓明确、肯定，由此中心部分向外，则对比度逐渐减弱，轮廓也变得模糊起来，直至看不见为止。视觉中心的地方称为焦点。我们看东西的时候，眼睛正对着的地方，也就是焦点所在的地方，看起来特别清楚，其它的地方则逐渐模糊。根据这个道理，建筑表现图，特别是场面较大的透视表现图，我们只能选择适当的部分作为重点——也就是我们眼睛所正对着的地方，而加以强调，对其它的部分则应适当地放松。

以上主要是从人的视觉特点来说明为什么一幅建筑表现图应当有重点而不可平均对待。至于重点应当选择在什么地方，要看设计方案的具体情况而定。一般多选择在建筑物的中央入口部分。某些较高或较长的建筑物（如图 15〔1〕中几个例子)，则随我们的意图为转移，凡是我们希望突出的地方，都可以被当作重点而予以强调。

处于不同距离的对象，一般地讲，近处的清晰，远处的模糊，这个道理前面已经讲过。但是，如果从人的视觉特点这方面来分析，就不尽然了。在这方面，人的眼睛和照相机的镜头有些类似，即当我们注意看某个距离的对象时，该对象显得特别清楚，而近处和远处的其它对象则比较模糊（图 15〔2〕)。这就意味着，不论对象离我们近一些或是远一些，只要我们集中注意力来看它，它就可能成为我们画面中所要表现的重点而刻画得清楚些。凡是没有被我们注视的东西，即使离我们比较近，也应相对地放松一些。

在确定了重点之后，对于这个重点，就应当予以突出和强调。突出重点的方法是：首先，应当使重点地方的轮廓线明确、肯定。其次，应当加强它的明暗对比，就是说亮的地方应当更亮一些，暗的地方应当更暗一些。另外，应将重点的地方刻画得细致一些。总之，说得概括一点就是应将重点的地方处理得实一点，而把其余非重点的地方处理得虚一点。所谓虚，也就是放松，具体地讲就是模糊一些，柔和一些，含蓄一些。

重点和非重点，虚和实都是相对而言的，因而，只有做到恰如其分才能收到良好的效果，忽视虚实的变化或对重点强调得不够必然会使整个画面松散而无重心；但是，如果强调得过分也可能会使重点与整体脱节而孤立起来，从而破坏了画面的统一。为了避免出现这种情况，一般应使虚和实之间有良好的过渡，并通过退晕的方法来逐渐地加强重点。

## 调子的选择和衬托

一幅表现图的效果，不仅取决于对建筑物本身的描绘，而且，在很大程度上还取决于整体调子的处理。调子处理适宜，就能使人感到明快；反之，调子如果处理得不好，就会使人感到灰暗、浑浊。

所谓调子，就是指一幅画的深浅明暗处理。对于调子具有重要影响的因素是建筑物和背景的关系。因而在确定调子时，首先要考虑的是背景（天空）的深浅（图 16〔1〕）。按照以深托浅和以浅衬深的原则，对于浅色的建筑物，可以考虑采用深色的背景；对于深色的建筑物，可以考虑采用浅色的背景；对于部分深部分浅的建筑物，可以考虑采用中间色调——灰色作为背景。这样，建筑物的轮廓就会鲜明突出，整个画面就会富有生气。反之，在选择背景的色调时，倘若没有考虑到对主题——建筑物的衬托作用，就会使建筑物的轮廓含混不清而得不到应有的突出。

有些建筑物，其本身的深浅变化比较复杂，若单靠天空的色调来衬托，总会使一部分轮廓模糊不清，这时，我们还可以利用配景的变化来烘托它。例如采用云天来衬托建筑物就具有较大的灵活性。因为云天本身的深浅变化比较自由，可以针对建筑物的具体情况来调整自己的色调，以达到衬托建筑物的目的。其它如树木、绿化、远山等自然物，只要我们处理得当，通常都可以用来陪衬建筑物，而使其外轮廓得到适当的突出。

在处理色调的深浅明暗时，建筑物本身的色彩无疑是一个重要的因素。但是，这也不是绝对的。由于光线角度的改变或受光情况的不同，建筑物本身的深浅明暗变化也是十分悬殊的。例如，以浅颜色的建筑物来讲，并不是在任何情况下都比天空浅。这里有一个概念需要明确：即明暗变化和光线的照射关系极大，深色的物体如果受光充足，可能变得很亮；而处于阴影之中的浅色的物体也可能变得很暗。根据这个道理，就是同一幢建筑物，由于受光条件的改变，也可以作多种不同的明暗处理（图 16〔2〕）。由此可见，我们在作建筑表现图之前，对于画面色调的处理，应作多方面的探索和比较，并从中选择出效果最好的方案，再画正式表现图。

为了使画面的色调富有层次而不至灰暗，在一张表现图中，应当有最亮、中间和最暗等三种色调，并且这三部分色调应当有适当的比例和良好的组合。对于初学者来讲，一个容易犯的毛病是：该亮的地方往往因为画脏了而亮不起来，而该暗的地方又不敢于暗，以致暗不到一定的火候，因而整个画面就被灰色所笼罩了。

但是，我们也要防止另外一个极端——即黑白对比过分强烈，而缺少中间色调作为过渡。就面积来讲，中间色调在画面中应占较大比重，最暗或最亮的地方毕竟是少量的。因而，从某种意义上讲，处理好中间色调，对于整个画面的效果具有决定性的影响。

## 关于配景的设计

建筑绘画中所描绘的，都是处于真实环境中的建筑物，因而除了准确地表现建筑物外，还要真实地表现建筑物所处的环境气氛。这就要求我们不仅要善于表现建筑形象，而且还要善于表现某些自然景物（图17〔1〕）。

有些表现图，由于对配景的考虑不够，而使人感到枯燥乏味，失去了真实感。但是也有一些表现图，由于过分地强调了配景而喧宾夺主。建筑绘画不同于一般的风景画，在任何情况下都应当突出建筑物，描绘环境的目的，是为了更好地陪衬建筑物。

为了妥善地处理好配景，应考虑以下几点：

1. 创造一种真实的环境和气氛，使建筑物处在这个自然环境中和谐协调，从而给人以真实感。这在某种意义上讲，与舞台布景的作用颇有类似之处，所不同的是烘托的对象不同而已。

2. 配景的设置要与建筑物的功能性质相一致。例如，住宅街坊（图17〔2〕），要有宁静的气氛；工业生产性建筑应有紧张、热烈和欣欣向荣的气氛；园林建筑则应有美好的自然风景。

3. 充分利用配景来衬托建筑物的外轮廓，以突出建筑物。如前一节中所述，按照以深托浅和以浅衬深的原则，通过树、灌木等自然物的配置来突出建筑物（图17〔3〕）。

4. 要反映原有的地形、地貌。例如房子建在山区就要真实地表现邻近的地形、山势；沿水的建筑物则应画出堤岸、倒影。一句话，就是对于周围环境影响较大的一切景物都要作比较真实地描绘，以期使表现图尽量符合建成后的真实效果（图17〔4〕）。

建筑配景所涉及的内容很多，如云、水、树、山、石、草地、路面、人物、车辆等都可以用来作为配景以丰富我们的画面。但是具体到一张图上，则不可罗列得太多。另外，建筑配景在画法上也和一般的风景画有所不同，它要求图案性比较强，层次要少，有些东西如树或人物等，甚至只是一个轮廓剪影就够了。这不仅是因为画起来简便省事，而且更主要的是为了防止喧宾夺主。也就是说，若把这些东西画得过于精细生动，则必然将应当作为主题的建筑物冲淡甚至变成了背景，对于建筑绘画来讲，这就是本末倒置了。

## 关于画面的构图问题

一幅画是否完整统一，在很大程度上取决于画面的构图，建筑绘画也是这样。为了适应初学者的需要，本书仅就建筑绘画中经常遇到的怎样安排好画面这样一个具体问题，作一简单说明。

所谓画面构图，简单地讲就是如何组织好画面。例如一幅写生画，当我们选择好主题（对象）之后，从什么角度去看？采用竖向的构图还是横向的构图？画面的容量应当大一些还是小一些？对象在画面中应当放在什么位置上？……这些都和要表现的主题思想有密切的联系。图 18〔1〕所示为革命圣地延安的宝塔山和延河上新建的大桥，对于这样一个主题，我们可以用不同的画面构图来表现。当我们把表现的重点放在具有象征意义的宝塔山上，以期引起人们对延安的怀念时，画面可以考虑竖向的构图。这样，作为焦点的宝塔山所处的地位，比较地居于画面的中央部分，因而可以得到适当突出，而作为近景的延河桥则相对地居于画面的下端，起着衬托宝塔山的作用。当我们把表现的重点放在描绘延河桥上，以反映延安新貌时，则可以考虑采用横向的构图，因为这样的构图可以使桥在画面中占有更大的比重。

建筑绘画虽然和写生画有所不同，但在作画之前也应根据所要表现的建筑形象的特点，来考虑画面的构图问题。

例如，以画面的容量来讲（图 18〔2〕)，究竟怎样才算适当，也应作一番推敲。如果建筑物过大，画面太小，好象画面容纳不下主题，会给人以拥挤局促的感觉；反之，画面太大，建筑物过小，也会使画面显得空旷而不紧凑。

其次，还要考虑到建筑物在画面中的位置（同上图)，过于居中可能使人感到呆板，但是也不宜太偏，一般地讲应略偏一点，使建筑物的正面——也就是主要入口所在的地方，能有较大一点的空间，比较适宜。

关于地平线的高度，则应根据视点的高度来定（同上图)，视点定得高一些，地面则应看得多一些；视点定得低一些，地面则应看得少一些。在一般的情况下，地面不宜过大，因为过大的地面不仅不容易处理，而且还会显得空旷、单调。

配景设计也会影响到画面的构图（图 18〔3〕)。例如，若在画面的中央画上一棵树，将会把画面等分为两块，从而破坏了画面的完整性和统一。在不对称的构图的画面上，如果在画面的两端画上两棵同样大小的树，也会使人感到呆板和过于对称，从而影响到画面的统一。

在设计配景的时候，还要考虑到整个画面的平衡（同上图)。例如一般建筑透视图大体上都是近处大、远处小，这就是说画面的两端已经不完全平衡了，在这种情况下。如果再在建筑物近端一侧的画面上画一株大树，则会使画面两端的轻重更加悬殊，从而失去了平衡。

另外，还应使配景的轮廓线富有变化，以避免与建筑物的外轮廓相一致，否则，将会使人感到单调（同上图)。

以上主要是就建筑绘画的特点，来说明画面构图上所应注意的一般性问题。但我们切不可机械地理解，具体到不同的建筑形象，还要根据它的特点来作分析，而不能一律对待。经验证明：在建筑绘画中，画面的构图也是千变万化的，我们在作画之前，应当就画面的构图多作几种方案进行比较。

## 关于画树的问题

建筑物是不能孤立地存在的，如前所述，它总是存在于一定的自然环境之中。因此，它必然要和自然界中的许多景物形影不离，而在这些景物中，树木、绿化和建筑物的关系最为密切，并成为建筑物的主要陪衬。我们在表现建筑形象的同时，不可避免地要把树木、绿化也一起收进画面。

树的类型很多，不胜枚举，但就其枝、干的结构变化来说，可以把它归纳为几种基本类型（图19〔1〕）：

1. 支干呈辐射状态汇集于主干。这种类型的树，主干比较粗大突出，但高度并不大，出杈的地方形成一个结状物。

2. 沿着主干垂直的方向，相对或交替出杈。这种类型的树，主干一般既高又直，常给人以挺拔的感觉。

3. 树枝、树干逐渐分杈，愈是向上出杈愈多，树叶也愈茂盛，整个树呈伞状。这种类型的树看起来很丰满，轮廓也很优美。

4. 枝、干相切出杈，形状如同倒“人”字。这种类型的树，枝、干多呈弯曲状态，苍劲有力。

有了对于树的基本结构的理解，对于画树是很有帮助的，因为树的形状在很大程度上取决于树的枝、干结构。

在前面曾经提到，作为建筑配景的树，层次不宜太多，但是，我们还是应当把树看成是一种空间立体的东西，并且在一般情况下要表现出必要的体积感和层次来（图19〔2〕）。

下面，我们进一步分析在有树叶的情况下，树的明暗变化规律。树是有体积感的东西，它的体积就是由繁盛的树枝和茂密的树叶组成的（图19〔3〕）。一棵枝叶繁盛的树在阳光的照射下，迎光的一面看起来很亮，而背光的一面则很暗。至于里层的枝叶，由于完全处于阴影之中，所以最暗。按照这样的明暗关系来画树，就可以比较概括地分出层次，从而表现出一定的体积感，以适应建筑绘画的要求。

在建筑绘画中，树可以作为远景、中景或近景。作为远景的树，一般处于建筑物的后面，可以起到衬托建筑物的作用。这种树层次要少，一般有一至两个层次就够了。树的深浅程度以能衬托建筑物为准。例如，当建筑物为受光的亮面时，树可以画得深一些，如图19〔4〕中的远树；当建筑物为不受光的暗面或处于阴影之中时，树可以画得浅一些。但是，一般地讲远树不宜画得太深。

作为中景的树（同上图），有时和建筑物处于同一个层次，有时也可以在建筑物的前画。作为近景的树，无疑应在建筑物的前面。凡是在建筑物前面的树，只要处理得好，都可以使画面增加空间和层次感；但如果画得不好，也可能象贴在建筑物上一样。作为近景的树，不应遮挡建筑物的主要部分，这就涉及到树型的选择和位置的安排，一般以选择树干较高，枝叶较稀疏的树为宜；在位置安排上，则应偏一些或处于画面的一角（同上图）。

应当着重指出的是：在建筑绘画中不宜画过近、过大的树，因为这样的树必然在画面中占有非常突出的地位，从而和建筑物争夺重点，使建筑物得不到应有的突出。

## 关于画树影的问题

树在阳光的照射下，会产生影子。这种影子可能落在地面上，也可能落在建筑物上。

树影的形成，可以用物理学中小孔呈象的原理来解释（图20〔1〕）。按照小孔呈象的原理，太阳光透过树叶的缝隙，犹如透过一个小孔，就会在地面上或墙面上产生一个圆形的象。正是许多个这种透光的圆形的象叠落在一起，才使树影产生稀疏斑驳的效果。这是我们在画树影时所必须注意的。

由于太阳的光线一般都是倾斜的，所以落在地面上圆形的光点就变成了椭圆。椭圆长轴的方向，应该和树影的方向一致。如果地面有起伏或转折，则树影也应该随着地面一同起伏转折。

落在墙面上的树影，和落在地面上的情况一样，只是椭圆的方向有所改变（图 20〔2〕）除此之外，还要处理好树影的外轮廓。一般落在地面上的树影多呈水平状态（视光线和透视的角度不同而略有倾斜）；落在墙面上的树影则是斜的（同上图）。

## 关于画倒影的问题

临水的建筑物，会在水中产生倒影。就是不临水的建筑物也可能在光滑的地面上（如大理石）或洒过水的路面上产生倒影。

倒影怎么画？人们通常以为水下的倒影和水上的建筑物完全一样。其实，这种看法是错误的。只有立面（正投影）的倒影才是上下一样的，而在透视的情况下，倒影和建筑物并不一样。

倒影的画法，应按物理学中平面镜成象的原理来确定。其基本的方法是（图 21〔1〕）：水上一点 $A$ 与水面的垂直距离为 $OA$，假定 $A$ 在水中的倒影为 $A'$，那么 $OA = OA'$。这就是说，以水面为基准，物与象是完全对称的。

在建筑绘画中，建筑物的倒影也是根据这个基本原理来确定的。图（21〔2〕）所示即为求建筑物倒影的方法：假定两坡式屋顶的建筑形体的下底为水面，以该面为基准，我们可以找出建筑物各主要点在水下相对应的点（即各个点的倒影），然后把这些点连接起来，即成为建筑物在水下的倒影。

从上面所举的例子中可以看出，水下倒影中的坡屋面，比水上的实物要窄得多。如果透视的视点假定得再高一些，那么这种差别就更为显著。由此可见，在透视的情况下，建筑物和它在水下的倒影，其形状是不完全一样的。

以上是通过一个典型的例子来说明求倒影的方法。但是，实际的建筑物是不可能直接建造在水面上的，它总是要坐落在比水面略高一些的堤岸之上，因而，在求倒影的时候，我们还要考虑到这一因素（图 21〔3〕）。具体地讲：我们首先还是要按透视的原理，把建筑物和水面的关系肯定下来，然后再按照前面所介绍的方法来求倒影。

由于水平线的倒影，仍然是一条与其平行的水平线，因而从透视的关系上讲，它们应当消失于一点。根据这个道理，水下倒影的透视消失关系与水上的建筑物是完全一致的（同上图）。这就使得我们在求倒影时不需要象前述的方法那样一点一点地找，而只要求出关键性的一两个点之后，就可以利用透视的关系而画出全部的倒影。

事实上，只有在静水的情况下，才会产生清晰的倒影。当有风的时候，水面被吹起了波纹，于是水下的倒影也将随着水面的波动而变化（图 21〔4〕），一部分水面反映物象，另一部分水面反映天空，从而呈现出一种如同鱼鳞一般的涟漪。这时，建筑物在水下的倒影，便只剩下一个大体轮廓了。在风浪很大的情况下，水面的起伏更剧烈，这时，建筑物根本不会产生倒影。

在静水中的倒影虽然清晰，但却比较呆板，而且画起来也必须很细致，因而，在建筑绘画中还是以画略有微波情况下的倒影为好。

## 关于画人物的问题

建筑表现图中，适当地画一些人物，一方面可以通过人的大小与建筑物的比例关系来显示建筑物的尺度，同时还可以使画面生动活泼。但是，人物毕竟是建筑物的陪衬，不宜过分突出。

建筑绘画中的人物，大多画成背影（即面向建筑物，背向画面），并适当地图案化，这主要还是从突出建筑物和有利于画面的统一考虑的。但同时还应注意：人物的动作不宜太大；身体各部分要合乎比例；姿态要端庄稳重；要能反映出我国人民勤俭朴素和朝气蓬勃的气质（图 22〔1〕）。

关于人体比例（图 22〔2〕），一般是以头部的高度与人的总高度作比较的。以我国大多数人的情况来说，这个比例大体是 1:7。腰部以上约等于三倍头的高度；腰部以下约等于四倍头的高度。只要大体上接近这个比例，所画出的人，就能够反映出我国人体的特点。

在透视图上画人，还要考虑到透视关系的变化。近处的人要画得大一些，对比要强烈一些，要画得比较细致一些（但也要适当地图案化）；远处的人要画得小一些，淡一些；贴近建筑物的人，其大小要合乎比例，否则将会影响到建筑物的尺度。

关于人的透视高度的确定，可以分三种情况来说明（图 22〔3〕）：

第一种情况是：假定视平线的高度为人的高度（约为 1.7 米），这也是最符合于真实的情况的。在这种情况下，我们可以先在透视图上用铅笔轻轻地把视平线画出来，然后把人的头部紧挨着这条线来画就可以了，因为在这种情况下人的大小可以自由处理而不受任何限制——愈是大的人就意味着他所处的地位愈近；愈是小的人则意味着他所处的地位愈远（同上图①）。

第二种情况是：假定视平线的高度低于人的高度（小于 1.7 米），一般的仰视图均属于这种情况。这时，我们可以在建筑物的近处一角，严格按比例标出人的真实高度（同上图②），然后再从视平线上取任意一点向这个高度的上下两个端点连线，并向外延长引伸，这样，只要在这两条连线之间画人，其高度均符合于人的透视高度。

第三种情况：假定视平线的高度高于人的高度（大于 1.7 米），一般的鸟瞰图均属于这种情况（同上图③）。这时，确定人的透视高度的方法与第二种情况相同。

## 关于画汽车的问题

汽车也是建筑表现图中的配景之一，特别是在街景、广场或大型公共建筑等表现图中更是常见。

如同人物一样，画汽车也是为了烘托环境气氛，以增强建筑表现图的效果。所以，画什么样的汽车，要考虑到建筑物的功能性质。例如，在火车站广场上，应多画一些出租汽车和公共汽车；在会堂、宾馆前应多画一些小轿车和旅行轿车；在生产性的工业建筑前应多画一些载重卡车。

画汽车的时候，要注意到真实性。随着我国汽车工业的不断发展，各种型号的汽车相继出现。这一可喜的现象，在建筑表现图中应当得到充分的反映。这就要求我们平时要多注意观察，并作一些速写或写生，以熟悉各种汽车的画法。(图 23〔1〕) 所示为国产各种类型的汽车，供读者参考。

画汽车也要考虑到与建筑物的比例关系，过大或过小都会影响建筑物的尺度。另外，在透视关系上也应与建筑物一致（图 23〔2〕)。有一些建筑表现图，正是因为没有处理好这些关系，使所画的汽车与建筑物格格不人，从而破坏了整个画面的统一和谐气氛。

## 关于画室内透视的问题

室内透视表现图，也是建筑绘画的一个方面，主要是用来表现建筑物内部的空间组合、内檐装修和家具陈设等。一个建筑设计人员，不仅要善于表现建筑物的外观，同时也要善于表现建筑物的内部透视。

1. 室内透视的角度选择：画室内透视首先面临的问题也是如何选择透视的角度。通常有三种可能（图 24〔1〕)：(1) 一点透视，即房间的端面平行于画面。这种透视画起来比较简便，因为只有与画面垂直的一组平行线消失于一点，而其它两组平行线，原来水平的仍保持水平，原来垂直的仍保持垂直。(2) 和前一种情况稍有不同，使面画略向左或向右旋转一点，这时，原来一组平行于画面的水平线也将随着画面的旋转而略有倾斜，并在画面以外很远的地方消失；而另一个消失点则在画面之内，只是随着视点而略有移动，其关系是：当视点略向左移时，这个消失点也略向左移，而远处的消失点应在画面的右侧；反之，当视点略向右移时，这个消失点也略向右移，而远处的消失点则应在画面的左侧。(3) 两组平行线分别消失于画面的左右两侧；这种情况表明我们所看的是室内的一角。这种透视画起来稍为复杂一些，我们应当根据不同情况，分别选择不同的透视角度，以表达设计意图。

在室内透视中，视点的高度一般取人的高度，即 1.7 米左右。但对于某些政治纪念性建筑物的厅堂来讲，如果希望取得高大雄伟的效果，视点也可以适当降低一些。另外，对于一些带有夹层或走马廊的建筑，视点也可以取得高一些（即假定从夹层向下看)，这样可以多看到一些地面（图 24〔2〕)。

室内透视和室外透视有一个不同的地方是：对于室外透视来讲，视点的距离是不受限制的，人可以站在任意远的地方来看建筑物；而在室内透视中，就没有这种可能，这往往使画面显得很局促，如果遇到这种情况，不必强求所有的平行线的透视必须绝对地消失于一点（图 24〔3〕)。经验证明，如果处理得适当，即使不完全消失于一点，也不会产生明显的失真现象。

2. 室内透视的明暗处理：室内的光线主要是来自窗口、门口的天然光或室内的人工照明。天然光，又可分为太阳的直射光和天穹的漫光。除了这些光线外，室内的明暗还在很大程度上受到墙面、天花、地面等的反光的影响。因而，其明暗变化远较室外复杂，这种情况常给我们带来很多困难。

直射的阳光，可以在室内的墙面上、地面上、乃至陈设上投下明确的阴影（图 25〔1〕)，这对于邻近门、窗的地方的明暗变化影响很大。投在墙面或地面上的影子，因为室内的反光作用，往往有明显的退晕，即邻近门、窗的地方深，对比强，而离门、窗愈远的地方愈浅。另外，由于眩光的作用，背着光的墙垛、柱子、窗棂等，因与光亮的天空形成强烈的对比而显得极暗。至于室内的其它陈设，凡是迎着门、窗的一面都比较亮，而背着门、窗的一面则比较暗。

如果来自门、窗的光线不是直射的阳光而是天穹的漫光，这时，便不会投下明确的影子，但其明暗关系大体仍和前述的相似，只是对比度较小，比较柔和。

关于室内的明暗变化，一般人常有这样的感觉，即愈是靠近窗子的地方愈亮，其实，情况并非如此。我们以一般长方形的居室为例，可以作如下的明暗分析（图 25〔2〕)：假定透过窗口的是漫射光，以墙面来讲，靠窗的一面，由于处于背光的地位，加之眩光的作用，反而恰恰是最暗的一面。而离窗子较远的那一面墙，由于它迎着光，却往往比较亮。至于侧墙，其最亮的地方，一般在邻近窗子约 1/3 的地方；而靠近窗子的一端，可以说是光线的“死角”，受光最少，因而也最暗；靠近内墙的一端，由于离光源较远，也逐渐变暗，但比起靠近窗子的一端还是要亮一些。天花和地面的情况与侧墙比较接近，只是因为一般地面的颜色较深，对比之下，就显得天花亮得多。

通过以上典型例子的分析，我们就会对室内明暗的变化规律有一个初步的了解，这对于画室内表现图，是很有帮助的。当然，设计方案不同，窗口的位置不同，房间的比例不同，对于室内的明暗变化都有影响，我们不能生搬硬套，一律对待。但是，分析室内明暗变化的原则和方法则是普遍适用的。

由于室内光影明暗的变化比较复杂，我们还可以在表现方法上探索一些新的可能性。例如，象线描那样，主要是通过线条来表现轮廓而回避光影明暗方面的问题，再辅之以淡色平涂，来反映材料的色彩和质感（图 25〔3〕)，这样，不仅画起来省事，而且还可以获得清晰明确的效果。

# 关于色彩的基本知识

自然界的景物，在色彩上是千变万化的，在建筑绘画中，我们要真实地表现建筑形象及它所处的环境，就离不开色彩。

为了使我们能够掌握色彩的变化规律，以指导绘画实践，现在就有关色彩的一些基本原理及知识作一个简单的介绍。

1. 色彩的来源：我们之所以能辨认出物体的不同色彩，一个根本的条件就是借助于光的照射，一旦光线消失了（如同在黑夜中），物体上的任何色彩亦将随之消失。由此可见，色彩和光线有着不可分割的联系。

为什么在同一光线的照射下，物体会呈现出不同的色彩呢？这是一种物理现象，我们让太阳光透过三棱镜（图 26〔1〕），通过棱镜的折射后，原来白色的光线就被分解成为一条由红、橙、黄、绿、青、蓝、紫等七种颜色组成的光谱，可见，太阳的白色光芒中包含着红、橙、黄、绿、青、蓝、紫等七种不同色彩的色光。

不同物体在混合的白光照耀下，由于物理性能不同，其反映也是不同的。例如橙色的东西（如桔子），由其物理特性所决定，它只反射橙色光而把其它各种色光都吸收了，因而就呈现出橙色来。又如绿色的树叶，是由于它只反射绿色而吸收其它色光，因而就呈现出绿色来。对各种色光均反射的物体呈白色。相反，对各种色光均吸收的物体呈黑色。

然而，实际上物体对于色光的反射或吸收都是相对的，比较确切地讲，只能是较多地反射某一种色光，而较多地吸收其它色光。因此，物体的色彩是由它较多地反射出的某种色光，再加上部分地（少量地）反射出的其余的色光所合成的。正是因为这个道理，客观世界中各种物体的色彩才会千变万化，远远超过前述的七种颜色。

2. 色光与颜色的区分：物体的颜色虽然来源于光线，而光线又是由各种色光混合而成的，但色光与颜色这两者的性质却是不同的。例如，颜色的三原色是红、黄、蓝，而色光的三原色却是红、绿、紫；又如，颜色是愈加愈暗，而色光则是愈加愈亮；再如，颜色的三原色相加为黑色，而色光的三原色相加则为白色。凡此种种，都说明色光与颜色的性质不同，我们绝不能把它们混为一谈。本书所阐明的有关色彩问题所指的是颜色，而不涉及色光。

3. 色彩三要素：色相、明度、纯度这三者称为色彩三要素。它是签别、分析、比较颜色的标准和尺度。色相指的是各种颜色之间的差别，如红、橙、黄、绿、蓝、紫等即为不同的色相。明度指的是明暗差别。每一种颜色都可能有它自身的明暗差别，例如，绿色可以分为明绿、正绿、暗绿。另外，不同的颜色，其明度也不同。例如，白与黄的明度就很高，看起来很亮，而紫的明度就很低，看起来较暗，介于其中的是橙与红，其明度分别相当于绿与蓝（图 26〔2〕）。纯度是指颜色的饱和程度，或称纯洁的程度。色相图中的颜色纯度最高、最鲜明，是标准色。如果在标准色中掺进了白色（同上图），就破坏了原来的纯度，使之成为欠饱合色，掺进的白色愈多其纯度就愈低。反之，如果在标准色中掺进了黑色，则成为过饱和色。

4. 色彩的调配：色彩的名目繁多，千变万化。但是有三种颜色是最基本的，那就是红、黄、蓝。这三种颜色是其它任何颜色都调配不出来的，相反，用这三种颜色却可以调配出其它任何颜色。因此，我们把这三种颜色称为三原色（图 26〔3〕）。

用两种原色调配而产生的颜色称为间色。例如，用红与黄调配成为橙色；红与蓝调配成为紫色；黄与蓝调配成为绿色。橙、紫、绿三种颜色即为间色（同上图）。

用两种间色调配而产生的颜色称为复色。例如，用橙色与绿色调配成为黄灰；橙与紫调配成为红灰；绿与紫调配成为蓝灰。黄灰、红灰、蓝灰三种颜色即为复色（同上图）。

原色又称第一次色；间色又称第二次色；复色又称第三次色。原色与间色的纯度比较高；色彩比较鲜明。复色由于包含了三个原色的成分，因而，带有灰的因素。颜色调配的次数愈多，则成分愈杂，愈发灰。

三原色是用来说明色彩的基本原理的。在实际应用中，并非要求我们用三原色来调配一切颜色，而还是要用配制的成品颜料来进行绘画的，这样不仅用起来方便，而且还可以保持色彩的鲜洁。

5. 色彩的冷暖、对比与调和：色彩本身并没有什么温度差别。有的色彩之所以会使人感到暖，而另一些则使人感到冷，这是因为色彩和很多自然现象有着一定的联系，而自然现象有的使人感到温暖，有的则使人感到寒冷。例如，橙、黄、红等色能够使人联想到太阳、火光，从而似乎给人以暖的感觉。绿、蓝、紫等色能够使人联想到海水、月夜、阴影等，从而似乎给人以冷的感觉；因此，我们就把这些反映暖冷的颜色分别称为暖色和冷色，例如，红、橙、黄称暖色；绿、蓝、紫称冷色。但是色彩的冷与暖不是绝对的，例如，紫色，与红色相比它显得较冷，故一般称为冷色，而与蓝色相比，则又显得较暖。所以，色彩的冷暖感都是在与其它颜色相比较的情况下相对而言的。

两种原色调配出来的间色是第三种原色的补色，或称对比色。如果把这两种颜色放在一起，由于它们相互之间没有共同的因素，所以可以起到对比的作用，使各自的色彩显得格外鲜明。例如红与绿、蓝与橙、黄与紫都是对比色。

含有共同因素的两种颜色放在一起，在色彩上则比较接近，我们把这两种色称为调和色。例如橙与黄、蓝与绿都是调合色。

在研究色彩时，通常可以用一个由十二种颜色组成的色轮来表示色彩之间的冷与暖、对比与调和诸关系（图 26〔4〕)。按照一定程序排列的色轮，一部分为暖色，另一部分为冷色，而且，冷暖之间有着很好的过渡。如果以橙色表示最暖的颜色，以蓝色表示最冷的颜色，那么我们可以依次地比较出各种颜色的冷暖程度。

另外，从色轮中还可以看出色彩的对比与调和的关系：即处于相对应位置的颜色为对比色；处于相邻或相近位置的颜色为调和色。

6. 固有色、光源色、环境色：物体是不能孤立地存在的，它总是处于某种光线的照射下，并且总是要受到周围环境影响的。这是我们在分析色彩时必须考虑的因素（图 26〔5〕)。

物体本身的颜色称固有色。光源所具有的色彩称光源色，这是一种色光，当这种色光照在物体上的时候，物体受到光源色的影响，使物体的颜色呈现出变化。周围环境所具有的色彩称环境色，它主要是通过反光作用而影响到物体上来。

固有色、光源色、环境色这三者是同时存在而又互相影响的。固有色是物体色彩变化的依据，光源色、环境色是变化的条件。因而，光源色和环境色又可称为条件色。

因此，我们在作画时，必须仔细地观察分析，绝不能简单地认为固有色是某种颜色的物体就只能画该种颜色，而不能掺入其它色素。

光源色主要是通过照射作用来影响物体的颜色的，因而，物体的受光部分受光源色的影响较大。例如黄色的物体，在红色色光的照射下，就会带有橙色的因素，而在蓝色色光照射下，则会带有绿色的因素。当然，在一般情况下作画，光源不可能具有明显的色彩。但是，也应当注意到；就是日光、天光和灯光这三种不同的光源，其色彩也不尽相同。日光一般偏暖，而天光（天穹的漫光）则偏冷。就是日光，也还会因为早晨、中午或傍晚的时间不同而有很大变化。例如，早晨的阳光多带有红紫的成分，而傍晚的阳光则偏黄橙。

环境色主要是通过反光作用来影响物体的颜色的，因而，物体不受光的阴面受环境色的影响较为显著。

必须指出的是，我们所描绘的对象，不论光源色和环境色对它的影响如何，最终都必须做到这一点，即要使人们能够从画中鲜明地感觉出对象原来的色彩来。过分地夸张条件色的作用就可能使我们所描绘的对象在色彩上失去真实感。在旧的建筑绘画中，为了追求所谓的“气氛”，有时就会出现完全脱离固有色的倾向，而不能准确地表现出对象的色彩。

由于对象总是处于某种特定的环境之中，例如，受到某种光源的照射，或受到某种因素的影响，因而在色彩上总不免要反映出某种总的倾向。要把这种总的倾向反映在画面上，就要求每一幅画都应具有一种基本的色调。这就是说，在画面中任何色彩上的变化都必须统一在这个基本色调的基础上。如果在一幅画的画面上，某些色彩彼此之间没有联系，那就必然不能获得统一和谐的效果。

不同的色调，给人的感受也不同。例如，暖色调常使人感到热烈、兴奋；冷色调常使人感到幽雅、宁静；明快的色调可以使人感到清新、愉快；灰暗的色调则使人感到忧郁、沉闷。在绘画中我们应当按照主题思想来确定画面的基本色调。对于建筑绘画来讲，由于所表达的主题都是我国社会主义建设的新面貌，毫无疑问，应当选择为广大工农兵群众所喜闻乐见的明快色调。

## 简短的小结

我们在前面比较详细地讨论了建筑绘画中一些主要的具体问题。对于这些问题加以科学的分析，将有助于培养初学者在作画时的分析、判断能力，破除建筑绘画中的“神秘论”。但是，需要强调地指出：第一，在一幅建筑表现图中，以上这些问题都不是互相孤立的，应当作为一个统一的整体来加以综合考虑和灵活应用。又因画面的整体效果主要是由构图和色调决定的，所以，我们在上面谈到的透视角度、阴影、分面、退晕、质感、重点、配景设置等都要服从于画面统一的构图和色调处理。第二，画面上采用某种构图和色调是为了表达一定的建筑设计意图和思想性，也是设计人员对将来建筑物建成后的实际效果的一种估计。由于每一个画面只能反映特定的某一场面（这是一般绘画的特点和局限性），因此，画面应该具有典型性，并尽可能地使这种典型性画面上的景物同将来建成后的实际效果相一致。譬如作一张天安门广场上人民英雄纪念碑的表现图，在作画之前，我们可能有以下一些考虑；革命先烈的事业是气壮山河、光明正大的事业，通过这幅画要能引起人们对先烈的崇敬心情和激发继承先烈遗志的革命豪情，因此，画面要突出碑身的高大形象，并有一个庄严肃穆的环境。根据这些考虑，我们在建筑透视角度的选择上，在画面的重心和焦点上，在阴影、分面、退晕、质感等的处理上，在天空，人物、树木等配景的陪衬和烘托上，都要服从一个统一的构图和色调，而这个统一的构图和色调，就是作者为了体现以上的意图所选择的典型环境的描写。

# 第二章　建筑绘画技法

在第一章中，我们对建筑绘画所涉及的基本问题作了分析，主要目的在于使初学者能够了解建筑绘画的一般原理，以指导绘画的实践。本章将分别介绍建筑绘画的技法。

在绘画中，对于一个题材，人们可以用各种手段来表现。例如可以用油画、彩墨画、版画、水粉画、素描等来画同一个题材。建筑绘画也是这样。例如一个建筑物，我们可以用铅笔、钢笔、水墨、水彩、水粉等不同工具或颜料来表现。由于工具、颜料的性能和特点不同，所作出的表现图，不仅效果不同，而且在技法上也有许多差别。抹煞这种差别，认为只要掌握一两种绘画方法，即可一通百通，其它的方法自然就会了的想法是不合乎实际的。但是，过分地强调这种差别，认为它们之间有着不可逾越的鸿沟也是错误的。我们应当既要看到它们之间的差别，又要看到它们之间的联系。

建筑绘画的种类很多，比较基本的表现方法有：铅笔、钢笔、水墨、水彩和水粉等五种。其中，铅笔和钢笔在技法上比较接近；水墨和水彩比较接近。如果从用色的方面讲，则水彩和水粉比较接近（图 27〔1〕）。

由于水墨渲染在反映建筑材料的色彩方面受到一定的局限，而且画起来又特别费事，故近年来在实际工作中已很少使用。铅笔和钢笔表现图也不能反映色彩，一般也不用来作最后的建筑表现图。铅笔表现图画起来方便，比较快，因而主要用来作草图和研究设计方案。钢笔表现图对于印刷、复制比较简便，效果也较好，故常被用来作收集资料或书刊的插图。水彩和水粉表现图，在当前的实际工作中用得最普遍。一般认为：水彩比较含蓄、柔和，但由于在色阶上不如水粉宽广，因而水彩表现图在色彩和对比度上不如水粉表现图鲜明、强烈。

除了上述几种基本的表现方法外，其它还有炭铅笔、彩色铅笔、铅笔淡彩、钢笔淡彩（图 27〔2〕）以及近年来比较流行的塑料笔等表现方法。但是，这些表现方法从技法上讲，都不外是前述的几种基本技法的演变、发展或结合。例如，炭铅笔和彩色铅笔的技法就与铅笔的技法基本相同；塑料笔的技法则与钢笔的技法相当接近；铅笔淡彩是铅笔技法和水彩技法的结合；钢笔淡彩则是钢笔技法和水彩技法的结合。因而，只要我们能够比较熟练地掌握几种基本的表现方法，其它的方法学起来就比较容易了。

在建筑绘画的实际工作中，一方面要求能够准确、充分地表现出建筑设计的意图，效果要好，另一方面，为了适应高速度地建设社会主义的需要，还应力求画起来省事，速度快。为此，我们除了要有熟练的技巧外，还应不断地改进原有的表现方法，并努力探索新的表现方法。

## 用铅笔表现建筑的技法

铅笔是作画的最基本的工具之一。由于它价格低廉，使用简便，携带方便，又易于表现出深、浅、粗、细等不同类别的线条以及由这些线条所组成的面，因而它就成为速写、写生和素描的重要工具。由于铅笔画比较容易掌握，画起来快，方便，而且还可以作适当地涂改，所以设计工作人员多用它来作草图和推敲研究设计方案。

用铅笔作正式的建筑表现图，同样可以取得良好的效果。但是，铅笔表现图还是有其局限性的。首先，它不能反映色彩；其次，铅笔表现图的篇幅不宜过大，因而用它来作大幅的建筑表现图是比较困难的；另外，铅笔表现图还不易保存。鉴于这些原因，在实际工作中一般都不用它来作最后的建筑表现图。

铅笔可以分为普通铅笔、特种铅笔和绘图铅笔等三类。普通铅笔的使用范围很广，绘图铅笔主要供制图绘画之用。为了适应不同的需要，在绘图铅笔中又有硬、软之分，并分别用“H”和“B”等字样标志于铅笔的一端。国产铅笔以6H为最硬，依次为5H、4H、3H、2H、H等；以6B为最软，依次为5B、4B、3B、2B、B等；HB则介于硬软之间。硬铅笔主要是供工程制图之用，软铅笔则比较适合于绘画。软硬程度不同的铅笔除铅芯的成分不同外，其粗细也不同。愈软的铅笔，铅芯愈粗，画出的线条愈黑、愈宽。在建筑绘画中，采用哪一种铅笔为宜，往往因每个人的习惯不同而定，一般多采用3B、4B铅笔。

铅笔画一般都使用图画纸。纸面的粗细程度和纹理不同，对于画面的效果也有一定的影响。一般来讲，光滑的纸面比较适合于使用较软一点的铅笔来作画；粗糙的纸面比较适合于使用较硬一点的铅笔来作画。在选择画纸的时候，还要考虑到纸的质地要耐擦，因为作画的时候总难免有局部的错误，这就要用橡皮擦掉重画，如果纸的质地太松软，用橡皮擦了以后就会起毛，这种纸不适合于作画。

建筑设计人员在用铅笔推敲研究设计方案时，主要使用的是草图纸——一种半透明的薄纸。这种纸有正、反两面，其正面比较光滑，不适合于画图，其反面比较粗糙，一般画草图是用这一面。描图纸是一种半透明的纸，表面较光滑，这种纸不适合于绘画，而主要用于绘制工程图的底图，用它来晒制工程蓝图。但是，当需要复印的时候，我们还是可以用这种纸来作铅笔草图，以利于晒图。

用铅笔作画和用铅笔写字不同。用铅笔写字时，只要把铅笔削尖就可以了。但是用铅笔作画时，为了取得不同的效果却可以有不同的削法。例如，当画细线的时候，应当把铅笔削成尖锥体；而当画粗线时，则可以把铅笔削成斜面或錾形。另外，用笔的方法也有很多变化。例如，因铅笔与纸面的夹角不同，用力的轻重不同，所画出的线条效果也不同。

在建筑绘画中，为了保证形象准确，在勾画轮廓时，通常是用较细的线条来完成的，有些图甚至完全用线描的方法也可以取得良好的效果。此外，巧妙地组织线条，用画线成面的方法，也可以很好地表现出建筑物的光影明暗和建筑材料的质感。综上所述，用铅笔表现建筑的最基本的技法，就在于如何用笔和怎样用画线成面的方法来表现不同的色调和不同建筑材料的质感。

铅笔，用它来写字，大家都是十分熟悉的。但是拿它来画建筑却比较生疏，我们还有必要进一步来熟悉它。熟悉它的最好的方法是实践，即通过使用来了解它的特性。例如，我们可以先拿一枝“HB”的铅笔，把它削成尖锥体（图28〔1〕），然后作如下练习：①用力均匀地画各种直线、弧线和曲线，用笔的方向应一致，并尽量地使画出的线条流畅。②用逐渐加重的方法来画直线和曲线，应注意：由轻到重的变化要均匀，既不可忽轻忽重，也不可突然变重。③用端部加重的方法画直线、弧线，可以是一端加重，也可以是两端加重。④用中部加重的方法画直线和斜线，应注意：由轻到重，再由重到轻的变化要均匀。⑤用波浪式的画法画竖线和横线。⑥用交叉式的画法画线。此外，还可以用快和慢的两种方法画线，并进行比较。通过以上练习，我们将能体会到在建筑绘画中画线和用笔的方法很多，不同的画法可以取得不同的效果。(图28〔2〕）所示即是用较细的线条来表现的一幢小型建筑物。从图中我们可以看出：屋顶部分是用波浪形线来表现瓦屋面的质感的；山墙墙面是用逐渐加重的方法来表现上浅下深的退晕的；烟囱和檐部的影子是用端部加重的画法来加强转折和明暗交界线的；远树和地面所用的是均匀的一样轻重的线条来表现的。

较软的铅笔，铅芯很粗，质地很软（如5B、6B铅笔），如果象前面所说的那样，把它削成尖锥体，只要画几笔铅芯就很快地变秃了。但是软铅笔也有它的特点，即可以用它来画宽线条，这是硬铅笔所无能为力的。用软铅笔画宽线条，通常是把铅笔削成斜面（约45°)。如同前面所介绍的一样，运用这样的铅笔也可以画出各种各样的线条来（图28〔3〕)。

从用笔的技法上讲，画粗线条的难度要大一些，这是因为铅笔和纸的接触，不是一个点，而是一个面，如果握笔的角度掌握不好或是用笔的轻重不等，画出的线条就不均匀，甚至连宽窄都不一样。但是，通过反复练习，一经掌握了这种技法之后，却又可以利用握笔的角度变化或用力的轻重不同而画出许多富有变化的线条来（图28〔4〕)。

在对于铅笔有了初步了解后，可以进一步用铅笔来画建筑局部。通过画建筑局部可以达到以下三个目的：①了解和掌握各种线条的实际应用。②了解和掌握建筑材料质感的表现方法。③了解和掌握有关组织线条和画线成面的技巧。例如，对于清水砖墙的表现，所用的是横线条：小尺度的清水砖墙要求用较细的横线来表现；大尺度的清水砖墙则要求用宽线来表现。又如瓦屋面，一般的陶瓦、水泥瓦屋面，要求用较粗的、波形的横线条来表现；而筒瓦、琉璃瓦屋面则要求用竖线条来表现（当透视时也可能是弧形线)。再如乱石墙面，其用笔的变化和线条的组织就更为丰富了。关于建筑材料质感的表现方法可参看图29。

在组织线条问题上，既要求服从于质感的表现，又要求有装饰性，还要求有变化，以打破重复和单调。例如在画屋面时，如果全部都用横向的线条，就会显得单调。这时，为了打破单调，往往在局部的横向线条上，加上一些斜线条与其交错。又如在画大面积的乱石墙面时，插进一些斜向的线条或加上一些斑点，也是为了这个目的。

用笔得法，线条组织得有条理，有轻重变化，这几点是用铅笔表现建筑技法的关键，做到了这几点，就必然会产生优美的笔触，而笔触正是铅笔画所具有的独特的风格。

和表现建筑局部的道理一样，对于配景——主要是绿化、树木，也是通过线条和笔触的变化来表现的（图30)。例如，远处的树一般都是用竖线条来画，色调要淡一些，线条要细一些；近处的冬青，一般可以用斜线来表现，线条要宽一些，色调要深一些，前者可能用2B铅笔画比较合适，后者则应考虑用4B或5B的铅笔来画。

画近处较大的树，线条的变化要复杂一些，一般应按照树种的特点来组织线条才能取得良好的效果。画树干时要顺着树皮的纹理用笔，方能表现出树皮的质感。对于大多数的树种来讲，树皮的纹理是竖向的，但也有一些树种的树皮是横向的。除了表现树皮的质感外，还要表现出光影关系，特别是树枝在树干上的落影。画树枝时，用笔的方向一般应顺着树枝的长势，应由粗到细和由重到轻，这样，方能表现出树枝的特点。对于树叶的表现，可以用多种形式的笔触来概括，并且还要反映出光影明暗和前后层次的变化。画树叶时，铅笔最好软一些，并且削成斜面或釜形，因为较宽的笔触概括能力较强，这对于表现树叶是有利的。

对于材料质感变化丰富的传统建筑形式，用较宽的线条或较大的笔触来表现，往往可以取得良好的效果。但是，若用这种手法来表现那些材料质感比较单一和表面平整光洁的建筑物时，就难以取得良好的效果。为了适应这种建筑形式，还有一种表现方法，即主要通过明暗色调处理的方法（图31〔1〕），来表现建筑物的体面转折和空间层次。这种表现方法的特点是：用笔细腻，退晕均匀，不突出强调线条和笔触，但却非常注重明暗关系的处理，并通过退晕的方法取得光感和空气感，从而使整个画面具有良好的气氛。图31〔2〕所示，即是用这种方法所表现的建筑局部及花饰，由于刻画细致、准确，因而充分地体现了建筑绘画的特点。

这种表现方法，虽然不强调线条和笔触的作用，但绝不是说可以任意地用笔涂抹。由于这种画法比较细腻，因而所用的铅笔不宜太软，一般以用2B或3B铅笔来画效果较好，局部最深的地方，可以用4B或5B铅笔来加重。不论用什么铅笔来画，都应把铅笔削尖后再使用。另外，用笔的方向应有规律。例如，在表现不同建筑形体的时候，要顺着体面的转折方向用笔（图31〔3〕）；在画天空的时候应顺着云的动态用笔。为了保持退晕的均匀，在线条交接的地方应避免留下痕迹。在作画程序上，应逐渐地加深，一步一步地使对比强烈起来，直到饱和的程度为止。

有了画建筑局部和画树的初步实践之后，再画整体建筑物就不困难了，因为整体是由局部组成的。当然，画整体建筑所考虑的问题要更广泛一些，例如除了要考虑到画面的构图、透视角度的选择、光线角度及明暗处理等一般的问题以外，还要结合铅笔画的特点和对象的特点来考虑如何用笔和如何组织线条等特殊性的问题。关于这一点，拟结合实际例子来作分析，这里就不详述了。

作为推敲研究设计方案的草图，也是用铅笔表现建筑形象的一种特殊形式。它和速写颇有一些近似的地方，所不同的是速写一般是对着实物写生，而建筑草图则是设计人员的构思记录。用铅笔画建筑草图的最大特点是：以最简便、迅速的方法，表达出设计人员对于设计方案的设想，尽管这些设想还只是处于萌芽状态，但是它却孕育和包含着丰富的内容，以待作进一步的发展。作为方案构思阶段的建筑草图，不可能也不应该拘泥于细节；不应该过于明确、肯定，以免束缚设计思想的发展。为此，这种草图最好用较粗、较软——5B或6B铅笔来绘制，由于这种铅笔画出的线条比较粗，从而迫使人们只能着眼于大处而置细节于不顾。另外，为了便于修改和不断地完善方案，这种草图多画在一种半透明的薄纸上，以便一次又一次地覆盖在原有的草图上作进一步的修改。

随着方案的深入，草图也将逐渐地明确、肯定起来，并逐渐地接近于最后的建筑表现图。

在建筑设计领域中，草图的内容很多，有平面草图、立面草图、剖面草图、室内外透视草图、花饰及细部大样草图，甚至一些构造做法也应通过草图来推敲研究。但是，和建筑绘画关系比较密切的还是室内、室外透视草图和花饰等草图（图 32)。其它多属于建筑设计范围内所应研究的问题，这里就不一一举例了。

炭铅笔也是一种被广泛使用的绘画工具，用它来表现建筑，也可以取得很好的效果。除了铅芯的成分不同外，炭铅笔和绘图铅笔的构造基本一样，因而在表现技法上也大同小异。所不同的是：炭铅笔的铅芯比较粗糙而松脆，很难象铅笔那样削得很细，因而不大适合于在太粗糙的纸面上作画。但是炭铅笔的色调较深，因而可以表现出更多的色调和层次，它不仅可以在白纸上，而且也可以在有色的纸上作画。

炭铅笔的质地比较粗糙，所画出的笔触没有铅笔那样明确细腻，因而用炭铅笔作建筑表现图，主要是通过明暗色调的处理来取得效果。如果是画在有色的纸上，建筑物的亮面和高光部分，可以用白粉来填。这种画法不仅省事，画起来容易，而且还有一种特殊的效果。但是应当注意：在有色纸上画建筑表现图，画纸底色不宜太深，色彩不宜鲜艳，最好选用中间稳定的色调的纸来画，效果较好，例如黄灰、蓝灰、浅赭、浅褐等纸张都比较适宜。和铅笔一样，用炭铅笔作建筑表现图也是不便于保存的，因而在实际工作中，一般都是用来作阶段性的方案表现图，供内部研究和方案比较之用。如果要求长期保存，则可以考虑把少许松香碾成粉末，溶于酒精之中，然后用喷筒（如家庭灭蚊用的滴滴畏喷筒）把这种溶液喷在画面上，这样，待酒精挥发后，一层极薄而又透明的松香就附着于画面之上，可以起到保护画面的作用。

彩色铅笔也可以用来作建筑表现图。从技法上讲它和绘图铅笔没有多少差别，然而彩色铅笔却有绘图铅笔所不具备的优点——可以表现对象的色彩，附着力较强不易擦脏，因而便于保存。缺点是：色彩较淡，和水彩、水粉相比，除少数明度较高的颜色外，一般都达不到饱和程度。另外，色彩的变化远不如水彩、水粉丰富；用画线成面的方法构成的明暗色调比较粗糙，不如绘图铅笔细腻，画幅也不宜太大。

彩色铅笔的铅芯和绘图铅笔的铅芯质地是不同的，前者比较接近于蜡笔，一般都比较偏硬，如果我们希望色调深一些，就需要把铅笔削得尖一些。由于彩色铅笔不象绘图软铅笔那样柔软细腻，一般地讲，要表现出笔触的效果是有困难的，因而在建筑绘画中，多不强求用笔触来表现建筑材料的质感。

为了使色彩变化丰富一些，最好能用色彩多一些的彩色铅笔来作建筑表现图（如 12 色或 24 色）。但是，即使用 24 色的彩色铅笔来画，颜色的变化还是不够丰富的，还有必要用两种或两种以上的彩色铅笔来配色。这种配色的方法就是叠加——即先用一种颜色的笔涂上颜色之后，再用另一种颜色的笔再涂上一层颜色。通过叠加以后，色彩的变化就大大地丰富了。

## 用钢笔表现建筑的技法

比起其它画种，钢笔画的历史还是比较短的，而且迄今也还不很普及。但是，在建筑设计领域里，用钢笔来表现建筑却比较普遍，这不仅因为效果好，而且还特别是由于它便于制版印刷、晒图复印，因而建筑设计工作人员便经常用它来收集资料或作为书刊的插图。用钢笔表现建筑也有它的局限性，这是由于它主要是通过极细密的线条所组成的明暗色调来表现对象，因而，要用它来作大幅的表现图是有困难的。另外，它和铅笔一样，不能表现色彩，所以在实际工作中一般也不用它来作最后的建筑表现图。

为了适应绘画的特殊要求，用来绘画的钢笔应有粗细之分。由于钢笔画还不甚普及，目前市场上还没有专供绘画用的笔尖。为此，我们只能依靠自己来加工、画细线的笔尖可用一般的绘图小钢笔尖加以磨细；画粗线的笔尖，一般要求不很严格，采用普通的笔尖即可满足要求，甚至用旧了的笔尖画起来效果更好。

磨钢笔尖应用较细的油石，磨的时候用力要轻而均匀。在磨的过程中应保持笔尖对称，并随时用放大镜进行检查。同时，还要不断地在纸上作试验，直至画起来流畅为止。

钢笔画所用的墨水，应是色黑而有光泽，书写流利且质量较好的墨水。有沉淀渣滓的或变了质的墨水，是不适合于用来作画的。

钢笔画所用的纸，表面不宜粗糙，不宜有纹理，因为这种纸面会挂笔尖；但也不能太光滑，因为太光滑的纸面往往吸水性能差，画上去的效果也不理想。另外，纸的质地应较密实，以防止因毛细管作用致使墨水扩散而影响线条的流利。

钢笔画和铅笔画具有某些相同的特点：它也是靠用笔和组织线条构成明暗色调的方法来表现建筑的，而且这一特点比铅笔画更为突出。因此，画线和组织线条也是用钢笔表现建筑的技法的最基本的东西。为此，我们也需要通过实践来熟悉了解工具——钢笔的性能和特点，并且还可以与铅笔作比较，分析这两种工具的相同处和不同处。

通过若干画线的实践（图 33〔1〕），我们将会逐渐地体会到，钢笔画和铅笔画之间虽有不少相同的地方，但从技法上讲还有很大的差别。例如从用笔上讲，用力的轻重不同，对于铅笔的影响较大，用力重画出的色调就深，用力轻画出的色调就浅。而用力的轻重不同，对于钢笔虽有一定的影响，但却不如对铅笔的影响那么显著。另外，铅笔的用笔比较自由，可以来回作往复的运动，而钢笔的用笔却只能沿着一定的方向，否则笔尖就可能要刮纸。

有一些钢笔表现图，仅仅用线条来勾画对象的内外轮廓就够了（见第一章线描与轮廓），但是，如果要表现出对象的光影和明暗，单靠线条是不行的。因此，我们还必须学会用线条来组成不同深浅色调的面（图 33〔2〕〔3〕）。

在铅笔画的技法中，用画线成面的方法组成不同深浅色调，一方面依靠线条的疏密变化，但主要是取决于用笔的轻重。而在钢笔画的技法中却相反，即主要是取决于线条的疏密。愈是密集的线条所组成的面，色调就愈深，线条愈疏则色调愈浅。用笔的轻重虽有一些影响，但其作用是有限的，这是因为钢笔的用笔不可能太重的缘故，如果希望得到较粗的线条，就只能改用另一种较粗的笔尖。

在铅笔画中，特别是在用笔细腻的建筑表现图中，线条几乎完全融合在色调之中，其本身并不显露；但在钢笔画中，除了纯白或纯黑外，凡是中间色调——从浅灰直到深灰——都清清楚楚地显露出组成这种色调的线条。因而，对于钢笔画来讲，线条的组织对于效果的影响极大。也正是由于这个道理，钢笔画在组织线条的技巧上的变化也是极其丰富的（图 34〔1〕）。同一色调可以用多种多样组织线条的方法来表现，这是钢笔画的基本特点之一。例如对于一个简单的几何形体——立方体，我们可以用竖线、横线、斜线、交叉线乃至更多形式的组织线条的方法来表现（图 34〔2〕）。也可以用同一方法表现不同的对象（图 34〔3〕）。这对于其它画种来讲，往往意义不大，但对于钢笔画来讲，却有很大的实践意义。线条的组织方法不同，对效果有直接的影响，尤其是当表现较复杂的对象——如树、建筑物时，线条的组织对效果的影响特别大。

利用不同形式的线条组织来表现不同的对象，更是钢笔画的特长，这表现在画树方面最为明显。我们知道树的种类很多，各种树的性格和特点都不相同：松柏苍劲，杨柳柔曲，某些树的枝叶繁盛茂密，某些树的枝叶则比较稀疏。此外，不同类型的树，其树叶的大小、形状和结合形式不同，树干的纹理和质感也不同。如果只用一种方法来组织线条，必然不能充分地表现出它们各自的特点；而针对每一种树的特点，分别使用不同的表现方法，即可取得较好的效果（图 35〔1〕）。

建筑配景中的树，有远近之分，用钢笔画树时应区别对待（图 35〔2〕）。近处的树应画得细致一些，有的甚至要画出一片一片的树叶；远处的树则应画得概括一些，否则就会分不出层次。在建筑绘画中，考虑到与建筑物的协调和统一，画树时可以允许在写实的基础上作适当的抽象和概括，并使之带有一些图案化或程式化的特点（图 35〔3〕）。

在建筑绘画中，对于各种不同的构造做法和材料质感的表现，钢笔画都有相应的用笔和组织线条的方法，可供我们参考。下面就以对建筑局部的描绘为例，来看一看用钢笔表现不同做法和材料质感的方法和效果（图 36）。

以墙面来讲，清水砖墙一般用水平线来表现。小尺度的砖墙可以用细的水平线来画，其中，暗面的线条应较密（或较粗），亮面的线条应较疏（或较细）。较大尺度的砖墙，要表现出砖块来才能有效果，但我们也不可能把全部的砖都一块一块地画出来。在这种情况下，就要运用概括的方法，例如在转角处适当地画出几块，就可以分出明暗以概其余了。

抹面的墙面，一般颜色较浅，不适合于用线条来画。尤其是亮面，更要保持一定的明度。在这种情况下，可以用点的疏密来分面，也可以利用分块线的轻重或虚实来分面。如果感到表现得不充分，为了加强分面效果，只要在局部转角的地方，加上一些装饰性的线条（例如表现树影）即可取得十分良好的效果。

和表现较大尺度的砖墙墙面一样，画乱石墙面也应用概括的方法，即在重点的地方——转角处或明暗交界线处，特别是暗部，比较清楚地画出一些石块，而其余的部分则逐渐地模糊下去。画石块比画砖块在组织线条上要复杂一些，不能简单地用一个方向的线条来表现，否则就会显得单调、呆板。

不同的屋面做法，也有不同的画法。一般常见的陶瓦和水泥瓦屋面，水平的接缝比垂直的接缝明显得多，适合于用横线条来表现。由于瓦缝的间距比砖缝的间距大而且明显，所以屋面应当用更粗一等的线条来画，并且线条本身应当有适当的起伏和断续，以表现瓦棱的凹凸和质感（一般是用波形线来表现）。

筒瓦和琉璃瓦的瓦垄是竖向的。而琉璃瓦屋面一般多为曲面，所以每条瓦垄从透视上看都是曲线。筒瓦屋面虽为平面，由于透视的关系，画起来也较普通陶瓦屋面复杂。对于这类屋面，一般的画法是：主要是通过对屋脊和檐头的刻画来显示瓦垄的起伏，再辅以适当的一点瓦垄，即可取得较好的效果。对于小青瓦屋面，则可以用弧形线来概括。

其它如门、窗的表现，对于线条的组织没有什么特殊要求，只要把明暗关系表现准确就可以了。

在组织一个完整的画面和表现一个整体建筑物时，各种线条应穿插地应用并有机地结合，才能使画面具有生动活泼的效果，但是，必须考虑到用笔的方法应统一。例如一个建筑物，可以用细腻的笔法来刻画，也可以用粗旷的笔法来表现，前者在用笔方面要求严谨工整，后者则要求轻快活泼，这两种手法如果用在同一个画面上就会破坏画面的统一。

另外，在钢笔表现图中，有的偏重于用线描的方法来勾画建筑物的内外轮廓；有的强调线条的自由变化；有的则强调线条的统一，总之，用钢笔表现建筑在手法和风格上的变化是丰富和多样的。

但是，不论怎样变化，在钢笔画中都有一个如何处理色调——黑、白、灰三者关系的问题。这个问题，虽然在别的画种中也要妥善地处理，但在钢笔画中却更为突出，这是由钢笔画的特点所决定的。

与其它画种相比较，钢笔画有两个突出的特点：一是黑白对比特别强烈，除版画（黑白）外，任何一个画种在画面上都很少出现纯白和纯黑的色调，而在钢笔画中，黑和白却是两个基本色调。另一点是中间色调没有其它画种丰富，例如象接近于白的浅灰色调，用钢笔来表现就比较困难（一般只能用点点的方法来表现）。由于这两种原因，用钢笔表现对象就必然要用概括的方法，即只表现对象中比较突出的要素，而舍去其余细微的变化(图 37〔1〕)。这看上去似乎是钢笔画受到局限，其实却正是钢笔画的特点。如果我们能够正确地运用概括的方法，合理地处理黑、白、灰三种色调的关系，就能够非常真实、生动地表现出各种形式的建筑形象来。

所谓的概括方法，就是通过分析以后，去粗取精，去伪存真，保留那些最重要、最突出和最有表现力的东西并加以强调，对于一些次要的、微小的枝节上的变化，则应大胆地予以舍弃。如果不是这样，而不分主次轻重地一律对待，追求照片效果，那便失去了钢笔画的特点，从而也不可能取得良好的效果。

但也要防止走向另外一个极端，即过分地强调黑白对比而忽视中间色调的作用（图 37〔2〕)。与版画（黑白）不同，钢笔画还是可以用线条交织出一定的中间色调，而画面的效果，在很大程度上就是取决于这些中间色调的变化。因而，这就要求我们在作画之前，要认真地分析对象，并作出适度地概括，既要防止追求细微的色调变化，而使画面发灰，又要防止忽视中间色调的作用而使黑白对比失调。

在一个画面上，不能没有最深的色调，如果没有这种色调，则整个画面便失去分量。但是，最深的色调只能局部地用在阴、影等有限的范围之内。画面中必须保留足够的空白面积，如果没有必要的空白，整个画面必然为灰、黑所占据，这样的画面往往沉闷而没有生气。当然，以上分析只适合于一般的钢笔画，个别画种——如版画和线描当为例外，前者黑的颜色所占的比重甚大，而后者则根本不用黑、灰等色调。

近年来，一些设计部门为了适应快速出图的需要，新创造了一种用塑料笔表现建筑的方法，这种画法和钢笔画的技法比较接近——即也是用线条和组织线条的方法来表现建筑形象的。

这一画种所使用的工具是塑料笔，它既可以画单色图，又可以画彩色图。画单色图时所使用的是普通的蓝黑墨水或黑色的绘图墨水；画彩色图时所使用的是绘制幻灯片用的液体透明色（12 色小瓶装，国产的有上海、天津、合肥等地的产品)，由于这些透明色的色相和深浅都是固定的，因而用它来作画也就受到一定的局限。如果要想改变色相或深浅，只能用不同颜色的笔相互重叠渲染或改变线条的疏密。此外，还可以考虑和彩色铅笔配合使用，这样就可以获得更加丰富的色彩变化和深浅变化。

这一画种的最大优点是：图案性强，装饰性强，色彩鲜艳，画起来快速简便，不象水彩、水粉那样，要经过挤色、调色、加水、洗笔、等干等一系列过程。缺点是不如水彩、水画粉所表现的真实、细腻、深刻。

## 用水彩表现建筑的技法

从技法上讲，水彩渲染和水墨渲染是比较接近的，由于水墨渲染不能使用现成的墨汁，而必须用墨锭研磨的墨汁，并且还需过滤后方可使用，比较麻烦，加之又不能表现色彩，所以在实际工作中已很少使用。而水彩渲染却比较简便，又可以表现建筑材料的色彩，因而使用较普遍。鉴于以上原因，水墨渲染的技法就不单独地列为一节，而在介绍水彩渲染技法时，一并作简单的说明。

用铅笔或钢笔表现建筑，用笔直接在纸上画就可以了，但用水墨或水彩渲染，却需要用水来调和色料在纸上一遍一遍地“染”。这比起铅笔或钢笔画当然要麻烦一些，但是由于水彩渲染的表现力较强，可以非常真实、细致地表现出各种建筑形式和建筑材料的色彩和质感，同时，画幅的大小又不受限制，保存也比较方便，因而在实际工作中经常被用来作为建筑设计方案的最后表现图。

水彩渲染需要哪些材料和工具呢?

水彩渲染的颜料，就是普通的水彩画颜料。这种颜料有盒装的和散装的两种，盒装的颜料有六色、十二色和十八色的三种。对于建筑渲染来讲，有一盒十二色的水彩颜料就已经够用了，因为渲染中一些常用的颜色基本上都包括在里面了。

水彩渲染的用笔，可以用水彩画笔，也可以用中国画笔或一般写字用的毛笔。作渲染应具备大、中、小三种型号的笔才能满足需要。渲染大面积的时候最好用较大号的水彩画笔，甚至用板刷，因为这种笔的含水量大，渲染起来比较容易保持均匀。画细部的时候比较适合于使用中国画的狼毫笔，如衣纹笔，因为这种笔的含水量较大而且又有弹性，在任何情况下笔尖都可以恢复原状，所以画起来很方便。

水彩渲染用纸，一般以表面比较粗糙一点的图画纸为宜，要求它既有一定的吸水性却又不洇。过于光滑的纸面吸水性较差，不适合于水彩渲染。但表面过于粗糙的水彩画纸也不适合于水彩渲染。

除此以外，还要准备一个调色盒或调色碟，若干个杯子，小的杯子供调色用，较大的一个杯子供洗笔用。

在水彩渲染过程中，若某一局部画坏了，可以用水洗去，为此，还要准备一块海绵供洗图用。但水洗后可能留有痕迹，影响画面效果，因此应尽量避免水洗。

由于纸在接触水后会产生膨胀现象而变得凹凸不平，因而在进行水彩或水墨渲染之前，还必须把纸裱在画板上。裱纸的方法和步骤如下：

第一步：把略大于正式图纸尺寸的纸拿来后，按 1.5～2 厘米的宽度把纸的四个边向上折起如盘子一样。

第二步：把纸放在图板上，应注意位置不要放斜了，最好用丁字尺检查一下，使纸的长边和丁字尺平行，然后把四个边抹上浆糊。

第三步：用干净的毛巾蘸水后把纸心弄湿，纸便开始膨胀，应注意不要把纸擦毛，水分也不宜过多，若水分过多应用毛巾吸去，以免把纸边弄湿。

第四步：把已抹上浆糊的四个边用手指按在图板上，并向外拉伸。其顺序是：先从长边的当中向外拉，再从短边的当中向外拉，再沿着纸的对角线的方向向外拉。待纸心稍平后，再沿着四个边的对应位置逐渐地向外拉伸，直至纸心基本拉平后，再用手指用力按四个边，使之与图板粘接牢固。

为了防止纸心很快变干而收缩，最好用湿毛巾盖在纸上，待纸边与图板粘接牢固后再把毛巾拿去。这样，经过2～3个小时纸心便逐渐晾干，纸面就十分平整了。至此，裱纸工作就算完成了。裱完后的纸，由于内部经受了一定的张力，所以当再遇水时，就不至产生很大的膨胀和凹凸不平了。这样，画起来就比较方便。

以上是渲染以前的准备工作，下面简单地介绍一下水彩颜料和中国墨的特性：

水彩颜料和中国墨的最基本的特点是颗粒细而且透明。特别是中国墨的这个特点更为突出，所以在一个时期里，世界各国的建筑设计工作者几乎都用中国墨来作建筑渲染。水彩颜料虽然也有这个特点，但其透明程度不及中国墨。而且，各种颜色的透明程度也不同，例如柠檬黄、普蓝的透明程度比较高，颗粒也比较细，而群青、赭石、焦茶等的透明度就比较低，且有颗粒状的沉淀。但是总的说来水彩颜料还是属于透明性的颜料。

由于水彩颜料具有透明这样一个特点，这就决定了水彩渲染的基本方法是叠加法——即用一种颜色罩在另一种颜色之上，从而产生丰富的层次和色调上的变化。例如用三种到四种颜色互相叠加，就可能产生出四种到八种新的颜色（图 38〔1〕）。

由于整个渲染过程就是一个逐步叠加的过程，往往最后的色彩就是由若干种颜色叠加而形成的，因而色彩比较容易调和，但也容易变灰，这是我们在水彩渲染中应加注意的一点。

颜色愈薄透明度愈大，附着力也愈强。因而在运用叠加法时，应按照先浅后深的顺序着色：即先画浅的颜色；后在浅的底色上加较深的颜色；最后加最深的颜色。反之，如果先画深的颜色，后画浅的颜色，不仅效果不显著，而且深的颜色很可能被洗掉。特别是一些具有沉淀性能的颜色——如钴蓝、群青、熟褐、青莲等，本身的附着能力较差，很容易被洗掉，应当尽可能地放在最后来画。

由于水彩颜料具有透明性，如果画坏了就不容易掩盖，这就要求我们在画的时候要特别细心，尽可能地避免发生错误。另外，水彩渲染对于轮廓的绘制要求也比较严格。在水彩渲染中，直到最后轮廓的线条都可以清晰地保留下来，而且对渲染的效果起着一定的影响。为此，在用铅笔画轮廓线的时候，线条要流畅、肯定，粗细要适当、均匀。

对于初学者来讲，在着手渲染建筑物之前，还应作一些基本练习。通过这些练习，一方面可以了解水彩颜料的性能，同时更重要的是学习掌握水分和用笔等基本技巧，以适应渲染的要求。

基本练习包括平涂练习、退晕练习和叠加退晕等三方面的内容（图 38〔2〕）：

1. 平涂练习：没有色彩变化、也没有深浅变化的平涂，是水墨和水彩渲染最基本的技法之一。平涂的主要要求是均匀。大面积的平涂，首先要把颜色调好放在杯子里，待稍候沉淀后，把上面一层已经没有多少渣滓的颜色溶液倒入另外一个杯子里即可使用。在平涂渲染时，应把图板放斜以保持一定的坡度，然后用较大的笔蘸满色水后，从图纸的上方开始渲染，用笔的方向应自左至右，一道一道地向下方赶水。应注意用笔要轻，移动的速度要保持均匀，笔头尽量避免与纸面接触。这样逐步地向下移动（每道约2厘米宽），直至快要到头的时候，逐渐减少水分，最后，把汪在纸面上的水用笔吸掉。

较浓的颜色不容易画均匀，为了保证均匀，对于一些较深色调的平涂，应分几遍来画。每一遍的用色都比较淡薄，经过若干次叠加后，即可使色调变深。

2. 退晕练习：在水彩渲染中退晕的应用是十分普遍的。退晕可以分为两种：一种是单色退晕；一种是复色退晕。单色退晕比较简单，可以由浅到深，也可以由深到浅。由浅到深的退晕方法是：先调好两杯同一种颜色的颜料，一杯是浅的，量稍多一些。另一杯是深的，量稍少一些，然后按照平涂的方法，用浅的一杯颜色自纸的上方开始渲染，每画一道（2～3厘米）后在浅色的杯子中加进一定数量（如一滴或两滴）的深色，并且用笔搅匀，这样作出的渲染就会有均匀的退晕。自深到浅的退晕方法基本上也是这样，只是开始的时候用深色，然后在深色中逐渐地加进清水即可。

3. 叠加退晕：用叠加的方法也可以取得退晕的效果。由于这种方法比较机械，退晕的变化也比较容易控制，因而可用在一些不便于退晕的地方。如一根细长的圆柱，如果用普通的退晕方法来画，那是十分困难的，然而如果把它竖向地分成若干格，然后用叠加退晕的方法来画，那就比较容易了。

叠加退晕的方法步骤是：沿着退晕的方向在纸上分成若干格（格子分得愈小，退晕的变化愈柔和），然后用较浅的颜色平涂，待干后留出一个格子，再把其余的部分罩上一层颜色；再干后，又多留出一个格子，而把其余的部分再罩上一层颜色。这样，一格一格地留出来，直到最后，罩的层数愈来愈多，因而颜色也就愈来愈深，从而形成自浅至深的退晕。

叠加退晕因格子的方法不同可分为两种：即格子等分和按一定的比例愈分愈小。前者的退晕变化较均匀，后者的退晕变化则由缓到急。

以下再讲一下复色退晕问题。复色退晕的方法有两种（图38〔3〕)，一种是叠加退晕法，一种是一般退晕法。用叠加法作复色退晕，即沿着一定的方向，某一种颜色愈叠次数愈多；而在反方向上，另一种颜色愈叠次数愈多，这样就可以得出复色退晕来。用叠加法退晕，可以保证退晕变化的均匀，因而可以用它来与一般退晕作比较，以检验后者是否均匀。在作基本练习时，可以采用这种比较的方法，即先用叠加法作出一幅退晕练习，尔后在与它毗邻的地方，用一般退晕法作退晕练习。这样，后者就可以参照前者的变化来调整色调。

一般的复色退晕，要稍麻烦一些。这种退晕是由一种色彩逐渐地变到另一种色彩。但基本方法仍和单色退晕一样，即先调好两种颜色，譬如红与蓝，如果要求自红变蓝，就先用红色渲染，然后逐渐地在红色中加进蓝色，而使原来的红色逐渐地变紫、变蓝。

通过以上练习，我们对于水彩渲染的特点将会有一个初步的认识，然后就可以着手于建筑立面的渲染。

在进行立面渲染之前，应用铅笔画好建筑物立面的轮廓线。一般是用HB或B铅笔，在已经裱好的图画纸上，画出建筑物的轮廓线及配景。对于线条，应分出轻重粗细，即外轮廓线最粗；内轮廓线次之；其它一律用细线。在画轮廓线时；应尽量避免使用橡皮，以免把纸面擦伤，以致渲染时出现斑痕。

完成轮廓线后就可以开始渲染。水彩渲染大体可以分成五个步骤。现拟通过一个典型渲染实例的分析，来说明叠加法的具体运用和水彩渲染的方法和步骤（图 39）：

1. 分大面：这一步骤的主要任务是把建筑物和背景（天空）分开。在这个步骤中又可具体分为两步：

第一步是铺底色。建筑物在阳光照射下，一般都带有暖黄的色调，为此，渲染的第一步就是用较淡的土黄加柠檬黄把整个画面平涂一遍，以期取得和谐统一的效果。

第二步是把建筑物和背景（天空）分开。有两种处理方法：一种是采用深天空；一种是采用浅天空。前者一般用普蓝画天空，应当把图板倒转过来作由浅至深的退晕（留出建筑物），这样的退晕一般要分几次来画才能达到理想深度，如果一次就画得很深往往不易使退晕保持均匀。后者则仍然用土黄加柠檬黄把整个建筑物罩上（平涂）一遍，使建筑物略深于背景。

2. 分小面：这一步骤的任务是分出前后层次；分出材料的色彩；表现出光感；留出高光。按照前亮后暗（个别情况也可能是前暗后亮）和前暖后冷的原则，分块进行渲染。这一步骤又可具体分为以下几步进行：

第一步画屋顶，用朱红加青莲作左深（冷）右浅（暖）的退晕。

第二步画檐口，用灰绿色作左深右浅的退晕，并须留出高光。由于檐口的颜色较浅，为了避免颜色的对接，可以考虑连同檐部的影子一起画，这样做整体的效果较好。

第三步画墙面，用橙黄色作上深下浅的退晕，并注意留出高光。墙面上的高光有时分布得很零散，在渲染墙面前应仔细分析一下，否则在渲染时就可能发生遗漏现象，或者在没有高光的地方（如处于阴影中）也留出了高光。

第四步画窗子，用蓝绿色作上深下浅的退晕。

第五步画过梁，用灰绿色，由于它处于阴影之中，应留出反光的高光（这种高光应较暗）。

第六步画栏杆、窗台，用灰绿色，应留出高光。

第七步画烟囱，用灰绿色，应留出高光。

第八步画台基，用紫灰色，作左深右浅的退晕，并留出高光。

3. 画影子：在整个渲染过程中，画影子是比较关键性的一个步骤。也是最能取得效果的一个步骤。画影子要考虑到整体感，不能一块一块零零碎碎地画，而应当整片地罩。特别象檐部的影子，应当连贯起来一次画完。影子在不同色彩的物体上，使原来的物体颜色变暗，但是还应该反映出该物体原来的色彩，而水彩颜料的透明性正好能做到这一点。例如一般画影子用的是朱红加群青，用这种颜色罩在不同的地方——如墙面或窗子，一方面可以使墙面和窗子原来的颜色变暗，同时又能反映出它们原来的色彩。采用这种画法通常可以使影子具有透明感的效果。

画影子还应充分地注意到色彩冷暖的变化和退晕，特别是檐部的影子，不仅水平方向应有显著的退晕（左深右浅，左冷右暖），而且由于檐部天花的反光作用，还应作下深（冷）上浅（暖）的退晕，如果没有退晕变化，便将失去了光感而变得十分呆板。同时作两个方向的退晕，从技法上讲是比较复杂的，如果没有把握，也可以分两遍来画，一遍只作水平方向退晕，待干后再作上下的退晕，但前一遍的颜色不可太浓，以免画第二遍时被洗掉。影子是画面中最深的色调之一，因而要留在最后来画。也就是说，在画完影子之后，最好不要再作大面积的渲染，以防止把它洗掉。

一般地讲，大面积的影子应当相对地浅一点。小面积的影子应当相对地深一点。在本例中，如窗台和花池的影子就是属于后者，应当略深一些；而檐部的影子则属于前者，应略浅一些。窗台的影子和檐部的影子比较相似，应当作左深右浅的退晕，至于上下方向的退晕，由于太窄了故可省略。

4. 做质感：在画完影子后，建筑物的形体及凹凸转折关系就基本上被表现出来了。在这个基础上，应当进一步表现出材料的质感。

例如陶瓦屋面的质感，可以用直线笔来画，线条应宽一些（随着比例尺的大小来调整直线笔的宽窄），也是要求左深右浅，以加强原来的退晕效果，另外线条还需要一些断续，以显示瓦的斑驳。砖墙的质感也可以用直线笔画，但比起瓦屋面来讲，线条应窄一点。除此之外，在水彩渲染中充分利用原来的铅笔线当作水平砖缝，然后适当地加深一些砖块也可以取得良好的效果。在加深砖块时，应当和底色的退晕关系相一致，即上部深一些，下部浅一些，以加强反光的效果。在本例中就是用后一种方法来表现砖墙的质感效果的。应当指出：采用这种方法来表现砖墙的质感效果比较省事，但应注意在画轮廓时，铅笔线应当稍重一些，否则经过若干次渲染之后，铅笔线的效果就会变得很不明显，这对表现砖墙的质感是不利的。乱石墙的质感，画起来稍复杂一些。先按照铅笔线的分块一块一块地填颜色，每一块的深浅和色彩均可有一定的变化，并应在迎光的边棱上（即左、上两个边）留出高光，最后，再在一部分石块的右、下方勾出影子就可以了。画乱石墙面时应当有虚实变化，不要把每一个石块都清清楚楚地画出来，而只需重点地画出一部分石块就够了，否则，不仅画起来费事，而且还显得死板。

其它如玻璃、抹灰墙面等，由于在本例中所占比重甚小，故不需要专门来刻画其质感。

5. 画配景：这是最后一个步骤，通过这个步骤的渲染，就如同把建筑物置于真实的自然环境之中。在这个步骤中又可分为以下几步：

第一步，应当处理天空。采用浅天空的处理方案时，不宜再用深色来画天，一般可用普蓝淡淡地作一点退晕（上深下浅），或适当地画一点云彩就够了。

第二步，用较淡的颜色画远树，应作适当地退晕。

第三步，用较深的颜色画近树。

第四步，也是最后的一步，用较鲜明的颜色画人物，可分两个层次，第一遍用平涂的方法画出人的轮廓，第二遍用较深的颜色表现出阴影。

通过以上五个步骤，建筑物的立面就逐步地被表现出来了。从这里我们可以清楚地看出：整个渲染的过程，就是用颜色一层一层地叠加上去的过程。

透视图的渲染，比起立面渲染当然要复杂一些，但其基本方法仍然是叠加法。它的步骤也和立面渲染一样，仍为五个步骤——分大面、分小面、画影子、做质感、画配景，只是在分小面和画影子这两个步骤上与立面渲染不同（图 40）。在透视图上，可以同时看到相互垂直的两个面，应当用明暗来加以区别。这就使得在分小面这个步骤上多一个程序，即在分出材料色彩的基础上把较暗的一个面再罩上一层颜色，以表示面的转折。为了保持统一性，这遍颜色应当连同亮面上的阴影部分一起罩。

此外，在透视渲染中，不仅可以看到影子，而且同时还可以看到阴面（在立面渲染中一般看不到）。因此，在画影子这个步骤上，也比立面渲染多一个程序，即先用较暗的颜色把阴和影整个地罩上一遍，然后留出阴面把影子再罩上一遍，使影子略深于阴面。

其它几个步骤，与立面渲染基本相同，故不重复。

透视图的轮廓画起来比立面图复杂得多。很难一下子用尺子量着就在正式图上画好。对于初学者来说，最好用下述的方法来画：即先把它画在半透明的描图纸上，再用较软的铅笔（如3～4B）在有线地方的反面轻轻地涂上一层铅笔粉末，然后如同复写纸一样，把它放在正式的裱好了的图画纸上，用较硬的铅笔（2～3H）把轮廓复印在图画纸上，最后再用HB铅笔加重。这样就可以避免因起稿时画错而用橡皮把图画纸的纸面擦伤。

用水彩表现建筑材料的质感，可以取得十分良好的效果，图41〔1〕所示即是用水彩来表现小尺度建筑材料质感的方法及效果。在这个例子中所展示的一般常见的建筑材料——砖墙、乱石墙、瓦屋面、抹灰、窗子等的质感表现方法，是水彩渲染所经常遇到的课题。关于这些材料质感的具体画法可参看立面渲染的方法与步骤中做质感的那一段说明。

下面，让我们再来进一步分析较大尺度建筑材料的质感表现方法（图41〔2〕）：

在作大比例尺的渲染或局部大样的表现图时，对于质感的表现要求更细致、更具体、更准确。例如以普通的筒瓦屋面和清水砖墙来讲，甚至有必要画出每一条瓦垄或每一块砖饰，才能给人以真实感。

较小尺度的陶瓦屋面，可以用直线笔来画，较大尺度的陶瓦屋面单靠直线笔来画就不够了，而应当首先用铅笔画出瓦的横缝及竖向的瓦垄，并详细地画出脊瓦，然后铺底色。待干后用小笔画横缝（呈波浪形），并勾画出竖向的瓦垄。脊瓦应按照光线的角度分出明暗及接缝。

较大尺度的清水砖墙，应先用铅笔画出横缝与竖缝，然后铺底色，待干后用较深的颜色加重一部分砖块并留出高光。加重砖块的颜色可以有一点变化，但这种变化不宜太大，应与底色的调子一致。

较大尺度的乱石墙面（也包括比较整齐的块石墙面），其画法仍和小尺度的类似。只是更加细致一些。

抹灰墙面（如水刷石、斩假石等）的质感，主要是通过分块线来表现的，在较大尺度的情况下，应按光线的角度表现出高光及阴影才能取得良好的效果。

除了一般建筑材料外，还有比较高级的饰面材料（如琉璃、大理石、面砖等）的质感的表现问题（图41〔3〕）。以琉璃来讲，由于表面较光滑、反光能力很强，因而每一块的深浅都可能有较大的变化，另外，高光也较为明显，这些特点在画的时候都应充分地体现出来。至于大理石，除表现出光泽感外，还应用很细的狼毫笔描绘出大理石的纹理。面砖的画法和普通清水砖墙相同，只是色彩变化多一些，另外竖缝是直通的，不需要错缝。

在表面配景方面，水彩渲染也有很多成熟的经验和技法。例如拿画天空来讲，最常用的就是上深下浅均匀的退晕法。除此之外，用湿画法画云天也是水彩渲染所独具一格的地方（图42〔1〕）。这种湿画法是：先用笔蘸清水把纸洇湿，待半干时按照云的态势铺色，利用纸面干湿不均匀的特点，颜色便在纸上扩散开来，然后再因势利导，调整各部分的深浅及形状，以表现出云天的效果。在这种画法的基础上，还可以用天蓝色点破一些地方来表示晴空，这不仅可以加强层次感而且还可以更好地衬托出云的轮廓。还有一种画云的方法；就是先铺天空底色，待未干前用海绵在较深的天空中洗出白云。用这种方法画云天往往比较柔和，但缺点是颜色变化不够丰富。

下面介绍一下用水彩画树的技法（图 42〔2〕）；处于建筑物前的近树或中距离的树，为了减少对建筑物的遮挡，一般都不画树叶而只表现枝干。这样的树可以用扁笔来画树干，在蘸色时使笔头的一部分着浅色，一部分着深色，这样一次就可以表现出圆柱形断面的树干的立体感来。然后再用较细的且富有弹力的狼毫笔画树枝，要沿着树枝的长势用笔，先重后轻，由粗到细地表现出树枝的刚健有力的气势。最后用较深的颜色表现出树枝在树干或树枝在树枝上的落影及树干的质感。在上述画树的基础上，也可以在树梢上适当地添一些稀疏的树叶。如果不画树叶，那么树枝就应当密一些，否则就可能产生光秃的感觉。

无论是画树干、树枝或树叶，用笔都是很重要的，在一般情况下都力求一笔画成而不加修改，这就要求在动笔之前要做到心中有数。

在画树方面，还可充分利用水彩的特点来画一种层次不多，比较图案化的树。这种树的画法不仅容易掌握，而且还可以很好地烘托建筑物。这种树的画法是：先在草图上推敲好树的形状及轮廓，然后按照已经推敲好了的树形，用铅笔在正式图上轻轻地勾出轮廓，再用含水饱满，且富有弹力的狼毫笔蘸色填出树的轮廓，并作出退晕（受光的一面应亮一些，色彩应暖一些；背光的一面应暗一些，色彩应冷一些），这样就完成了树的第一个层次；待快干时，再用较深的颜色填出背光和里层的最暗处，同时表现出树枝和树干。

用水彩画倒影也可以取得良好的效果（图 42〔3〕）。静水中的倒影，轮廓清晰，适合用干画法：即先用蓝绿色铺底，颜色要淡一些并作出上浅下深的退晕效果，待干后把水上的物象投于水下，用稍淡于原建筑物的颜色叠加在水的底色上，这就是建筑物的倒影。等全干后加深色，用笔自左至右地横拖，并注意笔触的处理。最后，等完全干透了以后，以丁字尺靠线，用橡皮在水面上擦出反光。在微波荡漾的情况下，建筑物在水中的倒影的轮廓是不明确的，可以考虑用湿画法：在水的底色没有全干的时候，就开始画倒影，利用颜色的自然扩散而取得隐约迷离的效果。

由于水彩渲染具有透明的特点，而且又可以画得很淡薄，因而，我们还可以把它和别的画种结合起来来表现建筑形象。

把水彩渲染和铅笔画结合起来，即成为铅笔淡彩，这在建筑绘图中，早已被人们所应用。这一画种兼有水彩渲染和铅笔画的特点，它既能表现色彩关系，又能充分地利用铅笔的线条和笔触来表现建筑材料的质感；特别是由于这种画法比较快速、简便，因而，非常适合于用来作快速设计方案的表现图或阶段性设计方案的表现图，供汇报方案或内部研究之用。

铅笔淡彩应分两步来画。第一步：在已经裱好的图画纸上，用铅笔画出建筑物的内外轮廓线（不需象水彩渲染的轮廓那样准确细致），然后用水彩着色，着色的方法与水彩渲染相似，但颜色要淡一些，靠线也不要求太严格，层次也无需表现得很清楚，总之，只要简单地着上一层淡色，把建筑物大的体面和色彩关系表现出来就可以了。

第二步：等颜色干了之后，再用铅笔表现出建筑物的光影明暗和材料质感，至此，这张表现图即告完成。如果在画完铅笔线之后，发现局部的地方色彩不够饱和，还可以适当地加一遍水彩，但最好不要作大面积的渲染，因为这样会把铅笔线条和笔触洗去而使画面污浊。

把水彩渲染和钢笔画（或用直线笔画的线条图）相结合，即为钢笔淡彩，这也是建筑绘画中所常见的一种表现方法。这种画法的优点是：既可以发挥水彩渲染轻快、透明的特点，又可以体现出线条所具有的清晰、明确、肯定的长处。因而，对于表现建筑物的色彩、质感、体形和空间层次都是极为有利的。

和铅笔淡彩相比较，钢笔淡彩要细致、工整一些，画起来也相应地要麻烦一些，钢笔淡彩也是分两步来画的。第一步：和铅笔淡彩一样，也是在裱好的纸上用铅笔画出建筑物的内外轮廓线，所不同的是：钢笔淡彩对于轮廓线的要求比较严格，不像铅笔淡彩那样只要画出大体轮廓就够了，而要详细地表现出建筑物的体形、空间、细部和建筑材料的质感效果。另外，线条还要力求均匀、流利、粗细分明，以作为画墨线的依据。

铅笔轮廓线画好后，即可用水彩着色，着色的方法与水彩渲染相似，靠线要准确。

第二步：用钢笔或直线笔，严格按照铅笔轮廓线加彩色线或墨线。为了达到色彩上的统一，所加的线条的颜色最好和水彩的底色色调相统一，例如，暖色调的底色，可以考虑加深咖啡色线条；冷色调的底色可以考虑加深蓝色线条。

用渲染加线条的方法，也可以作单色表现图。例如，为了方便起见我们可以用普通的蓝黑墨水加水冲淡后进行渲染，然后再用直线笔和钢笔加线，这种表现方法，虽然不能反映色彩，但却能把素描关系表现得很充分。

照片着色用的水彩颜料，也可以用来作建筑渲染，它比普通的水彩颜料透明度更高，颗粒更细，如果使用得当，也可以获得良好的效果。但是，用这种颜料来绘制建筑表现图，最好能和线条相结合。否则，由于这种颜料过于透明和细腻，可能使人感到轻薄而不够厚重。

近年来，还有人尝试着用中国画的形式来表现建筑形象。中国画所用的颜料和水彩颜料比较接近，但是由于是画在宣纸上，其着色的方法和前面所介绍的渲染步骤则很不相同，由于目前仍处于尝试摸索阶段，还没有总结出系统的成熟的经验。

## 用水粉表现建筑的技法

与水彩渲染相比较，水粉的历史还是短的。但是由于水粉的色彩鲜明强烈，表现建筑物的真实感强，因此，近年来用水粉表现建筑在实际工作中已被广泛采用，并且受到广大群众的欢迎。

所谓水粉，就是一般所称的宣传画颜料，有瓶装和锡筒装两种。瓶装的水粉颜料，颗粒较粗，开盖后如长期不用则容易变干，不及锡筒装的质量好和用起来方便。

水粉颜料虽然也溶解于水，但却与水彩颜料的性质不同。例如水彩颜料是一种透明的颜料，加水愈多颜色愈浅。而水粉颜料则是一种不透明的颜料，加水的多少只能改变它的稠度，而不能改变颜色的深浅。如果要使颜色变浅，就需要渗入白色的颜料，因而在水粉画中白色颜料就被当作基本的调色剂来使用，用量最多。其它常用的水粉颜料有：大红、朱红、玫瑰红、青莲、群青、普蓝、深绿、浅绿、柠檬黄、土黄、桔黄、赭石、焦茶、黑等。

水粉画的用纸要求并不十分严格，一般的图画纸均可使用。为了取得特殊的效果，也可以在有颜色的纸上进行绘画。和水彩渲染一样，最好把纸裱在图板上来画，这样不仅平整，画起来方便，而且万一画坏了还可以用清水把颜料洗掉重画，而不致使纸面翘曲变皱。

用水粉表现建筑最好用水粉画笔来画，这种笔比油画笔软，但比水彩画笔又稍硬一点，正适合于水粉颜料的稠度。水粉画笔有羊毫、狼毫之分，后者较富有弹力，比较好用。在着色时为了适应不同的需要，最好能准备大中小号的笔各一支。此外，还要准备一支衣纹笔画细部，准备一支板刷画大面积的天空及墙面。

为了调配颜色，还要准备一个较大的白色的调色盘（或碟），及供洗笔用的水盆或水缸。

水粉颜料与水彩颜料最大的区别就在于前者的不透明性，由于这一根本差别，就决定了水彩渲染的基本技法是叠加，而水粉画的基本技法是覆盖。基于这种差别，两个画种的着色程序恰恰相反，在水彩渲染中，一般是先着浅色，后着深色。亮的部分必须细心地留出来；而在水粉画中，则正好倒过来，即一般是先着深色，后着浅色，用浅色盖在深色之上。这是因为水粉颜料具有这样一个特点：即愈是浅的颜色，含粉量愈大，覆盖的能力愈强。正因为浅的颜色可以盖住深的颜色，所以在画面中亮的部分就不需要事先留出来，而可以事后来填（图 43 [1]），这就给绘画造成了一些方便条件。

水粉画还有一个好处，就是当局部的地方画坏时，可以等颜色干透后再用较稠的颜色将其盖掉，因而便于改正错误，而水彩渲染则不具备这种条件。

透明的水彩颜料叠加后仍可反映出原来的底色，因而在色彩上比较容易取得调和的效果，但是同时也容易因为颜色相互掺杂而变灰，这是水彩渲染所必须注意的问题。对于不透明的水粉颜料来讲，当一种颜色覆盖在另一种颜色上以后，前一种颜色则完全被遮盖，因而色彩比较容易鲜明、强烈。但对于缺乏用色经验的初学者，却常常会出现色彩不调和的现象。因而在作水粉表现图之前，最好能作一个小的色稿，供画正式表现图时参考。

水粉画还有一个难于掌握的地方，就是在干湿不同的情况下，颜色的深浅是有变化的，即湿的时候颜色较深，而干了以后则颜色变浅。这只能在反复实践中注意总结经验，有了经验以后，就可以在绘画过程中考虑这一因素，适当地在用色上加深一度，这样在颜色干了以后就比较合适了。

由于水粉颜料的不透明性，因而在着色过程中，常常会把铅笔轮廓线盖掉。所以用水粉画建筑，不需要象水彩渲染那样，事先把所有的轮廓线都全部画完，而应当根据着色的程序，分若干次来画轮廓线。对于初学者来讲，最好事先把建筑物的透视轮廓线完整地画在一张半透明的描图纸上，然后在着色的过程中再分批地复印在正式图上，这样不仅可以保证轮廓的准确，而且还可以避免画错。在水粉画面上，应避免使用橡皮，因为经橡皮擦后，表面就会变得光滑而出现反光现象，另外，水粉颜料的靠线也比水彩要困难一些，稍不小心，颜料就可能溢出线外，而靠线不齐对于效果的影响甚大。为此，在填颜色时要特别细心，个别重要的轮廓线，还可以考虑用直线笔来画。

对于上述水粉颜料的性质及由此决定的水粉画技法上的一些特点，如果不通过亲自的实践来体会，将是难于理解的。为此，对于初学者来讲还必须通过实践，从基本技法入手，作一些必要的练习。

和水彩渲染一样，平涂、退晕、分格退晕也是水粉表现方法的最基本的技法（图 43 [2]）。

平涂的主要要求是均匀。为了保持均匀，在调合颜色时水分要适当，应使颜料保持一定的稠度。过稠的颜料拉不开笔，不容易画匀；过稀了显得颜色单薄，也不容易画均匀。如果是两种以上的颜色调合在一起，应充分地调匀后再画。另外，在用笔上应有规律，应按照一定的方向（如左右或上下）作往复运动，不可乱涂乱抹。作大面积的平涂时，应当用较宽的板刷来画。颜料应当准备得充分一些，否则在中途作补充调色，是无法保证前后颜色一致的，从而也就无法保证均匀了。

退晕的主要要求是深浅变化要均匀。与水彩不同。水粉的单色退晕的方法是：在画的过程中，在原有的颜色中逐渐地掺入白色（用的是湿画法，即趁颜色未干时逐渐地改变颜色的成分），使其均匀地由深变浅，互相渗透而不留痕迹。

分格退晕的方法也与水彩不同，不是靠用一种较浅的颜色逐层地叠加而变深，而是每画完一格，等干后等量地掺入少量的白色画下一格，这样逐渐地使颜色变浅。由于湿的时候颜色显得深一些，而干后又变浅，所以在作分格退晕时，若靠眼睛观察来判断深浅，常常会出现错觉。因此，为了保证退晕均匀，主要还是依靠调色来控制，即每画完一格，在颜色中掺入白色的量要均等或按一定的比例来增减。这样，等干了以后，深浅的变化就必然是均匀的。

通过平涂，退晕和分格退晕练习后，可再进一步运用基本技法来表现简单的几何形体。

例如圆锥体（图 43 [1]），因光线的照射而产生的明暗变化，可以用分格退晕的方法来表现，背景部分则采用四周暗而中间亮的退晕处理来烘托主体。考虑到水粉可以覆盖的特点，为着色方便起见，具体到本例应先画背景；特别是为了保证退晕的均匀，在画背景时应不留出圆锥体的轮廓，这样画起来就方便多了。等画完背景之后，再用铅笔在背景上画出圆锥体的轮廓，并把它分成 11 个小格，然后按照明暗关系分别地填上颜色。

多面球体（图 43 [3]）在光线的照射下，每一个小面的亮度都不一样，因而在表现方法上也近似于分格退晕，而对于每一个小面来讲则为平涂。背景采用左深右浅的退晕方法来表现，这样可以有效地衬托出主体。和前一个例子一样，这张图也是先从背景画起，然后再用不同明度的红色覆盖在背景的底色之上来表现多面球体的体面转折和空间层次的变化的。

通过以上两个例子的分析，不仅可以看出基本技法练习的实际应用，而且还更加具体地说明了覆盖法的优越性。

由表现几何形体进入到表现具体对象，还要涉及到质感的表现问题。这比画简单的几何形体又要复杂一些，即不仅要善于把握住不同的物质对于光的反应上的特点，而且从技法上讲还要善于运用笔触来刻画质感（图 43 [4]）。例如在表现金属门把手的光泽、木材的纹理、铜壁灯座以及大理石柱子的质感时，其用笔的方法和笔触的处理均各不相同。

下面再来看一看几种常见的建筑材料的质感表现方法（图 44）：

清水砖墙是最常见的一种建筑材料。小尺度的清水砖墙可以用直线笔来画，即先用平涂或退晕的方法铺底色，然后用直线笔在底色上画浅色的细线以表示砖缝。中等尺度的砖墙的画法基本上也是这样，只是表示砖缝的线的间距应适当地放宽，并略为加深一部分砖块的颜色就可以了。较大尺度的砖墙的画法可分三步：

第一步：用平涂或退晕的方法铺底色。

第二步：用直线笔在底色上画浅色的细线，划分出砖块。

第三步：用较深的颜色适当地加重一些砖块，并用更深的颜色表示出砖的影子。

贴面砖和抹灰的墙面，也是经常遇到的课题。面砖和清水砖墙二者的画法，在表现小尺度的墙面时是一样的，只是面砖的颜色与普通粘土砖的颜色不同。在表现大尺度墙面时，二者的画法也基本相同，只是粘土砖墙的竖缝是错开的，而面砖的竖缝是直通的。

抹灰墙或称外粉刷，最常见的是水刷石和斩假石。这两种墙面的质感比较粗糙，用喷点法来表现效果甚好。其方法是：先用平涂的方法铺底色，然后用牙刷之类的工具蘸上颜色在一层铁纱网上刷，这样就会在底色上喷洒一层很细的雾点以表现抹灰的质感。最后，再把墙面的分格线（横向和竖向）的影子和高光表现出来。应当注意的是，当用喷点法来表现墙面的质感时，必须把其它部分用纸片盖严。对于一些轮廓比较复杂的对象，可以先用一张半透明的描图纸蒙在上面，用铅笔把它的轮廓描下来，然后再把这张描图纸放在另一张较厚的纸片上，用刀子沿着铅笔轮廓把心子刻去，剩下的部分便是我们所需要的"挡片"。

在处理大面积墙面时，用牙刷和铁纱网来喷洒是难于保证均匀的，在这种情况下，可以采用喷筒或喷枪。

在盛产石头的地区，石料也是一种经济而又美观的墙体材料。石砌墙体的类型很多，但基本上可以分成两大类，一类是比较规整的砌法，叫块石墙；另一类是乱石墙。

块石墙的画法是：先用较深的颜色画出分块线，然后用较浅的、略有变化的颜色逐块地填进去，并做出质感效果，最后画出高光。

乱石墙的缝比较宽，一般都是用浅色来表示。画乱石墙可分三步：

第一步：用平涂或退晕的方法铺底色，颜色应浅一些（这种颜色就是石缝的颜色），待干后用 H 铅笔在底色上划分出石块。

第二步：用深浅不同的颜色填出石块。这是比较关键性的一步，应注意推敲石块的颜色变化。既要考虑到整体色调的统一，又要在统一的基础上求变化，还应当有虚实的变化和退晕。总之，这一步如果处理得不好就会流于呆板。

第三步：有重点的画出一部分石块的影子

乱石墙的种类很多，不同类型的乱石墙的分块方法也不一样，这里不可能一一举例。但是，不论哪一种乱石墙，其划分石块的方法都大体上遵循着这样的原则：即大小相间，宽窄结合，以横为主，并避免过长的通缝。

充分利用水粉颜料所具有的覆盖性来表现窗子和大面积透明的玻璃，往往比用水彩来画方便得多。例如拿窗子来讲，由于玻璃是一种既透明而反光性能又很强的材料，透过玻璃可以看室内的陈设，同时它又可以反映出室外的物象（如树木、云天、邻近的建筑物等），因而变化比较复杂。如果用水彩来表现，就要预先留出窗棂，因而只能一小块一小块地画，这样是很难取得统一的效果的。如果用水粉来表现，则可先不考虑窗棂的存在，而去表现玻璃上的丰富的变化（室内陈设和室外景物在其上的映象），最后再把窗棂加上去。这样不仅整体性强，色彩统一，而且画起来也很方便。

这种利用水粉的覆盖性能的原则，同样适用于表现建筑物的墙面（图 45 [1]）。建筑物的墙面通常包括着虚、实两个部分，虚的部分是窗子、廊子等透空或凹入的地方；实的部分则为墙体、垛子和柱子等。就水粉的特点而言，为了求得统一的效果和画起来方便可以按照下面的步骤进行：

第一步：先画天空，然后画建筑物的体形。在画建筑物时不考虑窗子的存在而按墙面的颜色铺底色，并分出明暗，表现出退晕的变化。

第二步：用 H 铅笔在墙面上画出窗子的轮廓线，为了保持色彩、退晕、笔触的连贯性，应不留出窗子之间的墙垛，然后填进颜色，并作出退晕。

第三步：在窗子的底色上，用 H 铅笔画出墙垛的轮廓，并用墙面的颜色填进去，从而把连贯的窗子分开。

第四步：画出阴影效果；用最浅的颜色表现出墙垛的亮面；表现出窗棂和墙面的分格线。

通过以上四个步骤，建筑物就基本上被表现出来了。

和上述的例子不同，如果我们所要表现的建筑物（图 45 [2]）大部分面积都是玻璃，而柱子、窗间墙等实的部分所占的面积很小，这时，可以考虑先画玻璃，用一气呵成的方法做出退晕、反光、倒影等玻璃所特有的质感效果后，再逐层地画出窗间墙、柱子和窗棂等实的部分，最后画出阴影和高光效果。

用这种方法画建筑物的最大好处是整体性强，容易取得统一和谐的效果。反之，如果用一块一块填色的方法来画，不仅画起来麻烦。而且还很难做到色彩上的统一和笔触上的连贯一致。

和水彩不同，由于水粉可以覆盖，因而在画树的技法上也有很大的差别。用水粉画树通常有两种不同的方法。

一种方法是先画树，后填天空（图 46 [1]）。这种画法比较适用于背景简单而又不作重点表现时。其步骤是：

第一步先用铅笔在纸上勾出树的大体轮廓，然后用较深的颜色画出树叶及枝干，并按照受光的情况分出冷暖及明暗的变化。

第二步：用天蓝色填出天空，可以平涂，也可以作上深下浅的退晕。在填天空的同时也就是最后肯定树形和轮廓的过程。因而是比较关键的一步，应仔细地加以推敲，以保证树的形状和轮廓的优美。

第三步：最后调整树的各部分的明暗关系，并作出高光、反光及树干的纹理、质感效果。用这种方法画树图案性较强，易与建筑物协调，画起来也比较容易，缺点是画出的树欠生动活泼。

另一种方法是先画背景，后画树（图 46 [2]、[3]）。在背景变化比较复杂的情况下，用后填背景的方法来画，很难保证背景的完整统一。在这种情况下，可以不考虑树的存在而先把背景画好，然后在已经画好的背景上，用铅笔轻轻地勾出树的轮廓，再用较重的颜色去画树。采用这种方法画树，最好是一气呵成，不要涂改，因而对于画树的技巧要求要高一些。在画树技巧比较熟练的情况下，用这种方法画树，不仅可以取得生动活泼的效果，而且还可以保证背景的完整统一。

用水粉画天和云，最好也是采用湿画法。例如画晴朗的天空，可以用普蓝掺群青并略加一点赭石（使其变灰）作上深下浅的退晕，在接近地面处还可以少量地加一点柠檬黄，使其略微地变浅、变暖。如果要画云，则可以趁底色未干前，用白色（略加土黄）来画云朵。如果底色干了，则颜色之间的结合就比较生硬，不能很好地表现出云的松软、飘洒的特点，而往往使画出的云流于呆板。

在某种情况下，例如当云层较厚的时候，云的体积感很强，在阳光的照射下呈现出明暗和透视的变化，画这种云天时，更需要事先用水把纸洇透，使纸保持较长时间的湿润，以便有充分的时间，来推敲云的形状及明暗、透视关系。但是，在一般情况下，作为建筑物背景的天空，不必过分强调云的体积感，以免喧宾夺主。一般多采用干湿相结合的方法来画云，即在底色处于半干的时候，用扁笔或板刷（视画幅的大小而定）来画云。采用这种画法，云的体积感虽不强，但轮廓如处理得当，用笔活泼。不仅同样可以取得良好效果，而且还可以充分地衬托出建筑物。

在画水和倒影方面，如果说用水彩表现静水倒影比较容易取得良好效果的话，那么，用水粉来表现微波荡漾和略有涟漪的动水倒影，则比较容易获得成功（图 47［1］）。这是由于这种水面对于天空的反光和较亮的物体的反光均呈鱼鳞状，用水粉来表现时，可以用较亮的颜色直接点画在较深的底色上来表现这种反光。而不象水彩那样，凡是亮的颜色都必须预先留出来。显然，前者的笔触比较容易控制，画起来比较自由，而后者则比较难于掌握。

另外，在水粉表现图中，还可以用喷雾法来表现喷水池的水柱（图 47［2］）。其画法详见抹灰墙面的质感表现，只是在遮挡方法上有所不同，即不应有一条明显的界线。从具体操作上讲，可以把挡片垫高，使其与纸面保持一厘米左右的距离，这样，喷洒出来的雾点的边缘就比较自然而不显得生硬。

作整体建筑的表现图，不仅要求综合地运用各种技法，而且还必须处理好整个画面的色彩关系。这就应当从大处着手，尽快地把整个画面的颜色铺满，以求得色彩上的和谐统一，然后再去深入地刻画各个细节。然而，困难的是建筑表现图不同于一般的绘画，对于轮廓的要求很严格，填色时必须严格靠线以保持横平竖直，干净利索。因而就不可能很快地把颜色铺满画面，这就产生了矛盾。怎样解决这个矛盾呢？可以从以下几个方面采取措施：

1. 在着色前做色稿草图：这个问题前面已经提到过。虽然说水粉可以覆盖，局部地方画坏了，也是可以改正的，但是，若在正式图上涂改或推敲色彩关系，不仅很费时间，而且大面积的涂改或反复地涂改，都有损于画面的干净利索。而利用小草图来推敲色调则方便得多，一则是面积小铺色容易，另外对轮廓和细部都可以从略考虑，因而可以方便地变换色调方案，直到满意时为止。也可以作出几种不同的色调方案进行比较，然后从中挑选一个最好的方案，作为画正式图时着色的参考。这样，在画正式图时就能做到心中有底，而不至于因为盲目地试颜色而反复涂改。

2. 先画环境，后画建筑物：环境——如天空、云、地面、树、远山、水及倒影等，不象建筑物对于轮廓的要求那样准确、精细，因而铺色比较容易，可以用较大的笔触来画。而且在画环境时甚至对建筑物的外轮廓也不必仔细、准确地留出来，可以一直画到轮廓线以内，而在画建筑物时再把被浸染的轮廓找回来。这样，很快地就可以把这一部分底色铺满。在很多情况下，环境在整个画面中所占的比重甚大，如果把环境的颜色铺满了，整个画面的色调就比较容易控制。特别是一些鸟瞰图，画面的基本色调，几乎完全取决于环境的色彩。在这种情况下先画环境就更为有利，等把环境的色彩关系处理好了，再把建筑物画进去，色彩上的统一便很容易得到解决。

3. 在画建筑物时，先画大的体面关系，后画细部：应充分利用水粉颜料的覆盖性，针对建筑物的特点，尽可能地先把建筑物的大的体面关系表现出来，而暂置细部（如线脚、壁柱等的起伏）于不顾，有时甚至连窗子也不留。等把大的体面转折关系、基本色调和明暗关系作出来以后，再在底色上用铅笔画细部的轮廓，并用颜色逐个地填进去。本着从大到小，从整体到局部，再从局部到细节的原则，逐步地深入，直至完全地把建筑形象表现出来。这样，画起来比较主动，颜色容易调和，靠线也较整齐，一般都能获得很好的效果。反之，若一开始就陷入细节的刻画，一小块、一小块地填颜色，那就很容易造成被动的局面，画了很长时间，还只停留于建筑物的一角，看不出整体色调的效果与色彩之间的相互影响，因而用色也就失去了依据。

室内透视有两个特点：一是明暗变化比较复杂（这个问题在第一章中已经作了分析），一是质感、色彩的变化比较丰富。以地面来讲，最一般的是水泥地面，此外，还有水磨石地面、大理石地面、木地板、磁砖地面以及在地面上铺地毯等。以墙面来讲，一般是抹灰喷浆，此外还有木护墙、水磨石墙面、大理石墙面、磁砖墙面及各种饰面的墙纸等，在某些特殊的建筑物——如剧院的观众厅中，还要用各种吸声材料来做墙面。另外，在画室内透视图时，还要涉及到灯具、家具、帘幕及其它各种陈设，因而还会涉及到金属、玻璃制品、木材、皮革、各种织品等的质感和色彩的表现问题。由于水粉具有色彩鲜明、强烈，表现对象真实感强、厚重等特点，因而这些东西都适合于用水粉来表现。

在室内透视中，顶棚和地面的透视感特别强（图 48），在铺底色时要充分地注意到色彩的变化和退晕。为了退晕的方便，在铺底色时，可以暂时不考虑地面和顶棚上的图案装饰、分块线和灯具等细部。这些可以在铺完底色后再用铅笔画出轮廓，然后用颜色直接地在底色上画。这些东西同样也具有强烈的透视感，因而在画的时候也要注意到虚实、轻重的变化和色彩的处理，并使之与底色统一为一体。另一个值得注意的问题是：应当充分地表现出材料的光泽。室内饰面材料的表面，一般都比较细致、光滑、反光性能较强，我们应当充分地抓住这些特点，来表现材料的质感。

利用水粉来表现光泽，其有利的条件是可以直接用亮色加在底色上。但也要注意，加上去的颜色和底色之间的衔接不可生硬，有时最好在底色未干之前立即加上去，使之互相渗透，有时则适合于用干笔触来取得效果。

墙面也具有和顶棚、地面相似的特点，即透视感强和质感变化丰富。特别是比较光滑的墙——如水磨石或磁砖墙面等，也有分块的缝和光亮的质感。只是墙面上常常开有门窗而不便于大面积地铺底色，在这种情况下，也只好一块一块地来填颜色。

# 第三章　建筑表现图的绘制

在一般人的心目中，建筑绘画所指的就是画建筑，并且主要是指建筑物的内、外部透视图。本书前几章所阐述的大体上也不外是有关制作建筑透视图的一些原理和技法。诚然，透视图作为建筑绘画的一个组成部分，不仅可以用来表达建筑师的设计意图，同时也可以借助于它来推敲研究设计方案，因而每一个建筑师都必须熟练地掌握绘制建筑透视图的原理及技法。但是对于一个建筑师来讲仅仅做到这一步还是不够的，他还必须更加全面地掌握各种建筑表现图的绘制技法。这就是说，他不仅要善于画透视图，而且也要善于绘制总平面图。平面图、立面图、剖面图以及各种建筑装饰大样的表现图。

建筑物的内、外部透视图较易于为一般人所理解，所以在方案的审批过程中建筑师多借它来表明建筑物建成后的实际效果，以谋求方案能够顺利地通过。但是应当看到这种图只能反映建筑物在某个确定观赏点的特定效果，而不能全面地反映出建筑与环境之间，建筑物的内外部之间，建筑物的局部与整体之间的错综复杂的关系处理，因而它的局限性是十分明显的。为此，一个训练有素的建筑师为了检验自己的设计意图是否真有效果，在设计过程的最初阶段主要还不是利用透视图来推敲研究设计方案，而应当是从平面和整体环境入手来确定自己的方案构思，这就是说要把平面和总平面图充分地表现出来。就我看来，在这方面我们和国外同行相比还是有一定差距的。有相当多的建筑师对于平面图的表现很不重视，在他们看来建筑平面图只不过是柱网排列、墙的位置厚薄以及门窗开口尺寸的确定，所以三道尺寸线一拉就算完事。殊不知一个好的设计方案，它的水平在很大程度上就是通平面（连同环境）图而表现出来的。这之中既反映出整体空间环境的组织、各空间之间的衔接与过渡、完整空间序列的安排、围透关系的处理，又反映出家具、陈设的排列乃至道路、绿化、铺面的配置。一句话：从整体到每一个细部都必须恰如其分地给予表现，而不可马马虎虎草率了事。在这方面著名的建筑大师赖特（F. L. Wright）所亲自绘制的一些建筑平面图确实达到了炉火纯青的地步。特别是他的草原式住宅，不仅对于环境的表现极其充分，甚至连屋顶的投影也用虚线准确地表现出来，真可谓一丝不苟！

其次是立面图。最准确地反映建筑整体及各部分之间的比例。尺度关系的不是透视图，而是建筑物的立面投影图。所以建筑师主要是通过绘制立面图来推敲建筑物的体量组合、外轮廓线、虚实关系以及每一个细部处理。关于这一点，在西方古典建筑中表现得尤其明显，当时的建筑师很少有人把主要精力用来画透视。但对立面图却精雕细刻，不惜花大量时间用“中国”墨（India Ink）作出极细腻、极富层次变化的渲染图。建筑实践是这样，反映这种实践的建筑教育也是这样，例如法国巴黎美术学院（Ecole de Beaux Arts）对于建筑师的训练就是十分重视用渲染的方法来表现建筑立面的。当然，我们并不主张用仅适合于表现古典建筑形式的那一套渲染方法来表现现代建筑。但是从推敲研究设计方案的角度看，先着眼于立面图的表现的原则，还是有其可取之处的，因为只有把立面图表现得充分而又准确，才能为透视图的绘制打下坚实可靠的基础。

内部空间及其相互之间的关系主要是通过剖面图来反映的。然而在实际工作中剖面图也是倍受忽视的。许多建筑师认为只要有了平面图和立面图，剖面图一“拉”就出来了，所以用不着在这里花费时间和精力。然而认真地讲，一个表现得充分的剖面图常常可以极好地反映出内部空间序列的起伏变化和节奏感。另外，通过剖面图还可以有效地表现出建筑物的内檐装修。

对于某些艺术性要求较高的建筑来讲，其细部装修也必须充分地加以表现。这里还必须又一次提到建筑师赖特，在同时代的建筑师中，唯独他最喜爱运用装饰来丰富自己的设计，所以他也最善于运用绘画的手段来表现建筑装饰。现在有一种比较流行的看法，即认为装修可以“包”出去。既然如此，建筑师只要提供一个外壳就可以了，因而也无须掌握表现细部装饰的技巧。诚然，现在的分工愈来愈细，建筑师不可能包揽一切，但是对于一个训练有素的建筑师来讲，即使可以把某些装饰任务分配给专业的装饰师、雕刻家或画家，然而为了达到整体的统一，他还是必须自始至终地贯彻自己的设计意图，为此，就必须充分利用绘画的语言而不是用空话来向装饰师或雕刻家来表达自己的设想和意图。只有这样，才能保证相互之间的紧密配合。

综上所述，可以看出建筑绘画和建筑表现图之间，虽然所描绘的对象都是建筑，但是从表现方法上讲还是有着某种细微的差别。就建筑师来讲虽然不一定要具很高的绘画素养，但是最好能够比较熟练地掌握一两手建筑表现图的绘制技巧。下面拟分别从几个方面来谈谈建筑表现图的绘制问题。

## 图　面　组　合

在一般情况下，一张建筑表现图总不外是由总平面、平面、立面、剖面以及透视等图所组成。这些图纸各有特点，只有把它们巧妙地组合在一起，才能获得良好的效果。如果组合不当，尽管各自本身都很精采，但就整个图面来讲依然不能取得令人满意的效果。为此，在着手绘制建筑表现图时，首先面临的问题就是图面组合。图面组合通常可以采用两种方法：一是按一定比例把多个图纸缩小，然后勾画出几种不同图面组合的草图进行比较，并从中选择一个比较理想构图加以修改，直至满意为止；另一种方法是把方案设计过程中的草图剪开，直接在图板上作各种形式的排列组合，直至满意为止。后一种方法较简便，但由于草图阶段的表现毕竟还是初步的，特别是在调子、轻重等方面与正式图往往有一定差距，因而采用这种方法组合图面，其最终效果可能与原先的设想有较大的出入。

在考虑图面组合时，首先应根据图的内容合理地确定图幅的大小。图幅过大会显得空旷、松散，过小则显得拥塞、局促。此外，在一张图纸上为了保持画面的统一也不宜容纳过多的内容。如果超出了画面容量，应分成两张、三张或更多的画面来表现。但不论分成几个画面来表现，每一个画面的内容都应有良好的搭配。应避免把同一种类型的图（如立面图）集中在一个画面上，否则将会使画面流于单调。一个方案如果分别由几个画面来表现，还必须使它们之间保持统一的风格。对于成套的表现图来讲，为便于理解，应当大体上按照总平面、平面、立面、剖面以及大样图等的先后顺序组成完整的序列（参看实例三十五）。

应当承认，上述的要求之间有时会产生矛盾。例如为防止单调应避免把同一类型的图集中于一个画面，但为保持序列的完整，同一类型的图往往又需要集中在一起。那么怎样解决这种矛盾呢？解决这种矛盾是没有一定之规的，唯一的办法就是要从设计方案的特点出发巧妙地加以剪裁、调配，最终既保证整套图纸具有统一的风格和完整的序列，同时又使每张图纸自身既完整统一又富有变化。

就每一张图来讲，为使画面构图既完整统一又富有变化，则必须处理好以下几个关系：

1. 主与从的关系：在一张图纸中，如果安排若干个表现图，为了保持构图的完整统一，应避免平均对待、主从不分，而应当选择其中的某个表现图作为重点加以突出，并使其它表现图作为陪衬，起烘托重点的作用。如果主从不分竞相突出自己，整个画面必然会显得混乱。反之，各表现图不加区别地一律对待，画面则可能流于松散、平淡。至于怎样确定重点，则应根据设计方案的内容、特点以及表现意图而作具体分析。例如对于一般的单体建筑来讲，可以把透视图作为画面重点，也可以把首层平面连同周围环境作为重点。某些高层建筑，由于平面比较集中、紧凑，在图纸中所占比重甚小，而立面处理则比较丰富，在这种情况下，也可以选择主要立面作为画面的重点。园林中的建筑小品以及纪念碑建筑，通常也都选择主要立面作为表现的重点。对于群体组合富有变化以及与环境结合比较紧密的建筑物来讲，总平面图或鸟瞰图也可以作为画面构图的重点。凡重点表现图，都必须在画面中占有较大的比重（面积），舍此，便不足以控制整个画面。此外，作为重点的表现图在画面中所处的位置也应当尽可能地突出，一般都使之占据画面的一个角。为了有效地突出重点，无论在色彩或明暗的处理上都应较其它部分更丰富，对比更强烈。只有这样，才能在画面中形成一个引人注目的焦点。

在确定重点的同时，还应当安排好从属部分的表现图。这些图从内容上讲最好能与重点表现图有所联系；从画面构图上讲力求依附于重点；从表现方面讲则应恰如其分，切不可过分突出，以免与重点相抗衡。

2. 疏与密的关系：我国传统的绘画很讲求疏密对比，有少数画家更是喜爱在画面中留出大面积的空白而使疏密对比达到十分强烈的程度。对于建筑表现图来讲，从功利出发它希望能够在有限的画面内尽可能地多表现一些内容，所以不宜大面积地留出空白。但这却不意味着要把画面的每一个部分都均匀地填满东西，而应使某些内容相对集中于画面的某个部分，其它部分则予以放松，以期求得疏密的对比与变化。联系到前面所讲的主与从的变化，可以认为，凡重点所在，必然也是内容集中、变化丰富和要素密集的地方，而其它部分则应当平淡一些，稀疏一些。

3. 黑、白、灰的关系：在一张表现图中为了求得色调的统一与变化，既不可以没有黑白对比，也不可以使这种对比过分强烈以致失调。为此，在画面中黑、白、灰都应分别占有适当的比重，并互相穿插、交织、叠合，而达到你中有我，我中有你，共同组成和谐统一的图案。

所谓黑，即指最深的色调，可以是立面图中门窗洞口或阴影，可以是平面图中墙的切断面，也可以是剖面图中结构的切断面，这些部分虽然面积有限，但在画面中所起的作用却十分显著，巧妙地加以利用将会使画面充满生气。但是黑——深色调——在画面中所占的比重却不宜过大，否则也会使整个画面变得压郁、沉闷。白，系指图与图之间的间空，它可以是纯白，也可以是极浅的色调，在图纸中应当占有较大的比重，正是借它与黑——深色调——相对比，才能使画面富有生机。但仅仅依靠黑白对比依然不能使画面和谐统一，为此，还必须插进中间色调——灰，从中起调节作用。灰，可以是用渲染的方法铺底，也可以用各种密集的点，线或网格而交织成灰面。例如在建筑平面图中各种形式的铺面就是以网格的形式而形成灰面的；在总平面图中如大面积的草坪、树丛、水池通常也都是以灰面的形式来表现的；在立面图中如瓦屋面、清水砖墙等的质感也是借助于密集的线条而形成灰面的，巧妙地安排这些要素，将可以借助于它们的灰色调来丰富画面的层次变化。

除利用表现图本身要素所呈现的黑、白、灰外，还可以借不同色调铺底来衬托各表现图。但这种铺底也必须精心设计，切不可喧宾夺主而有损于画面的统一。

## 平面表现图的绘制

设计方案的平面，特别是首层平面连同其外部环境，在整个表现图中占有特殊重要的地位，在一般情况下都是被当作画面构图的重点而予以充分表现的。首层平面连同其外部环境不仅内容丰富，而且在画面中所占的面积一般都比较大，因而对于整个画面所产生的影响也是决定性的，这就是说，如果表现得好，将会使整个画面大为增色；反之，如果表现得不好，也会大大地影响整个画面的效果，所以必须认真地对待。

应当指出的是：初学者往往有一种错觉，即认为表现技巧主要是用来表现建筑物的立面或透视的，至于平面，反正建成后谁也看不到，表现与否都是无关紧要的。此外，还有一种看法，即认为表现立面或透视比较难，技巧要求高，表现平面则比较容易。正是由于存在着这种错误观念，所以在方案设计阶段对于平面的推敲研究常常是很不深入、很不细致的。其主要表现为：仅仅停留在房间的划分，柱网的排列以及门窗开口的设置。至于建筑物内部的家具陈设以及外部庭园、绿化、道路、铺面等处理，则缺乏认真的推敲研究。在这种情况下匆忙地绘制正式表现图，当然难于取得满意的效果。

对平面图来讲，像房间划分，墙的位置、厚薄，门窗开口的位置及宽窄等一类的问题，毫无疑问必须首先确定下来。但是仅有这些要素不仅会显得空旷、单薄，而且也不能反映各房间的功能特点及相互之间的功能联系。只有把家具陈设也一并表现出来，才能给人以清晰、明确的印象。除家具陈设外，地面处理也不可能等闲视之，特别是一些公共活动部分如大的厅堂、门厅、走道、浴厕等，都应根据其功能特点分别选择合适的铺面材料，并在平面图中予以表现。

对于首层平面来讲，对于外部环境的表现也是十分重要的。一个失掉环境烘托的平面，必然显得孤立而使人感到枯燥乏味。一个表现得充分的首层平面必须包括以下三方面内容：一是房间划分、墙的位置及厚薄、门窗开口的位置及宽窄；二是内部家具陈设、楼（电）梯及地面处理；三是外部庭园、绿化、道路、铺面等设施。

平面表现图的制作大体上也是按照以上程序进行的，即第一步定出房间划分（开间、进深或柱网排列）的轴线，并用极轻、极细的导线来表示，然后表示出墙的厚薄，最后表示出门窗开口的位置及宽窄。在这一阶段中最关键的是墙的厚薄。一般地讲，墙最终是要填的，所以在画面中十分突出，如果厚薄稍有出入便会对效果产生很大的影响：过厚，会使人感到厚重、笨拙、封闭；过薄，则会使人感到轻眺、脆弱。此外，由于层高、荷载不同，墙体本身也是有厚薄之分的，这种厚薄之间也可构成对比、变化和韵律感的，在表现图中应当真实地反映这种差别，甚至还可以少许夸张地来强调这种差别以期取得良好的效果。切不可厚薄不分，一律对待，否则整个平面图将会流于单调、死板。

对于缺乏经验的初学者来讲，一般容易把墙画得过厚。这是因为先用两条线来界定墙的厚度，当没有填黑之前从感觉上判断似乎正合适，待填黑后两条线全部融合在墙体之中，由于加进了线本身的厚度，所以往往要比事先设想的厚一些。为矫正这种误差，在起线时应当略为收窄一些。

在这一阶段中还需重注意的一点是对于窗口的表现。在初学者的心目中，平面上的窗就是用三条线来表示，其实，这种表现方法往往是缺乏效果的。尤其是在比例尺较大的情况下，一定要按设计明确地区分出窗口系偏里、偏外或居中。此外，还必须按设计正确地表示出窗台的投影线。

第二步就是要表现出室内家具陈设及地面处理。一个没有表现出室内陈设的建筑平面，既很难看出它的功能合理性，又很难断其空间处理是否达到了有机统一。例如一幢住宅建筑，倘若不表示出床、沙发、桌、椅、恭桶、浴缸、脸盆、炉灶……等家具陈设，则很难辨认出哪一间是起居室，哪一间是卧室，哪一间是厨房或卫生间。而一经表明之后便一目了然。再如图书馆建筑，如果在阅览室中画出阅览桌，在书库中画出书架，在出纳室处画出借书柜台及目录柜，即使不注明房间的名称，人们也能一眼就看出各个房间的位置所在以及各个房间之间的功能联系是否合理。

在绘制室内家具陈设时应当注意哪些问题呢？首先必须保证尺寸要准确，如果尺寸不准确将会影响到整个平面的尺度感。例如，要是把家具画大了，就会使整个建筑显得小；反之，要是把家具画小了，就会使整个建筑显得大。这两者都会歪曲建筑的尺度感。如果是部分家具过大，部分家具过小，则会造成尺度的不统一。总之，只有准确地表示出家具的大小和尺寸，才能给人以正常的尺度感。

其次，表现家具的繁简程度要适当。前面虽然强调了表现家具陈设的重要性，但也不是说所有的家具陈设都必须详尽地、毫无遗漏地一一画出来。换句话说，就是要根据方案的特点而有所选择。在一般情况下，通常是把主要的、特别是把能够表现各房间功能特点的家具陈设表示出来就可以了。例如公共建筑，只要把几个最具有特点的主要厅堂（如图书馆建筑中的书库、阅览室、目录室，火车站建筑中的候车室、售票室，影剧院建筑中的观众厅、舞台等）内的家具陈设表示出来，即可获得良好的效果。至于一些次要的小房间则可以省略，但是象盥洗、浴厕等，虽属辅助部分的小房间，但设备比较固定，还是必须仔细地予以表现。总之，对于家具陈设的表现必须适当，过多、过详细会使人感到繁琐，过少、过简单则显得空旷，只有恰到好处，才能获得最佳的效果。

此外，对于家具陈设的表现还必须根据比例尺的不同而区别对待，比例尺愈大应画得愈详细，愈小则愈省略。例如沙发，在比例尺为1/50的情况下应当详细地画出它的靠背及扶手，若比例尺为1/100，则可适当简略，在1/200的平面上，一个方块即可代表一个沙发。

家具陈设必须用细线来表示，只有这样，才能与厚实的墙体形成对比，从而起到衬托墙体的作用。如果线条过粗，将会显得笨拙。

完成家具陈设表现后，接着应当表示出地面的处理，在这里主要就是指对于各种铺面材料的表现。也应当抓住两点：一是划分格子的大小要适当；要与所使用的材料性能相一致。例如马赛克，应当小而密；而大理石或预制水磨石则可以大一些；现制水磨石则可更大一些。其次，分格的图案既要有变化，又要与整体和谐统一。过于简单的分格会显得单调，过于复杂的图案则显得繁琐。与家具相比，绘制地面分格的线条应当更细一些，否则便分不出层次而与家具陈设相混淆。如果限于制图工具而不能更细的话，也可以使细条略淡一些。

对于楼层平面来讲，完成上述表现后大体上就可以了。但是不要忘记还应当把下一层凸出部分的构件的投影（如雨罩）用细线表示出来，把上一层凸出部分的投影（如挑檐）用细的虚线表示出来，只有这样才能真正做到交待清楚而使人一目了然。

然而，对于首层平面来讲，单是表现出室内家具陈设以及地面处理，还不能看出它和周围环境的联系。为此，还必须把室外的道路、绿化、铺面等设施也一并表现出来。室外环境和建筑物的功能性质以及地段条件有密切的联系。它的范围既可以大，也可以小；内容可以很丰富，也可以很简单。但不论属于哪一种情况，都应和建筑物的内部处理协调一致而共同形成一个有机统一的整体。所以在表现室外环境时也务必遵循这一基本原则，切不可自成体系而与室内“分庭抗礼”。

室外设施大体上包括道路、铺面、露台、山石、草坪、树木、花台、水池以及各种形式的建筑小品。其中，道路和绿化在一般情况下通常决定着整个画面的基调。道路和绿化这两种要素基本上呈互相嵌合的状态，道路一般用留白或极浅的色调来表现，绿化的色调则较深，通常用浅灰、中灰或深灰的色调来表现，所以一经表示出绿化，道路便自然地被衬托出来。至于绿化究竟取浅灰、中灰或深灰色调，则取决于整个画面的构图以及特定的表现意图。如果整个画面希望明快、淡雅一些，绿化便不宜太深。反之，如果画面希望凝重、强烈一些，则应用较深的色调来表现绿化。在确定调子的同时还要考虑选择适当的表现手段。在复色的表现图中一般适合于用浅橄榄绿的色彩来表现绿化部分，在单色的表现图中则主要借助于调子的深浅来表现绿化，它既可以用水彩或水墨来渲染，也可以用纹理不同的线条或密集的点来形成灰面及不同的质感效果。此外，还可以用喷雾的方法来形成灰面。用点形成的灰面一般较浅，另外，随着点的疏密变化还可以退晕，在表现绿化时往往沿周边深而向内退晕，这样便可以更好地衬托出路面。用密集线条交织成的灰面无论在色调或肌理方面都可以获得极丰富的变化，但应使这种变化控制在一定的限度之内，否则将会使整个画面流于混乱。

树，作为绿化的一个部分如表现得好常常可以活跃画面的气氛。但由于表现树的方法很多、很灵活，所以对于初学者来讲要恰如其分地运用这些技巧却并非是一件容易的事。比较常见的毛病是：花样太多而杂乱无章，以致破坏了画面的统一性。树，从品种上讲可以分为乔木与灌木；从种植方法上讲可以分为点植或丛植；从表现方法上讲可以写实或抽象。丛植的树或灌木通常联成一片，不仅轮廓线自由曲折，而且又有疏密的对比与变化，因而较适合于用写实的方法来表现。丛植的树如果表现得充分，即使从平面上看也可以造成郁郁葱葱的气氛。高大的乔木较适合于点植，在画面中比较突出，在整个绿化中常可起画龙点睛的作用。这种树一般适合于用抽象和概括的方法来表现，其外轮廓呈正圆，应当用圆规来确定其周边及范围，其枝干组织几乎近于一种图案或符号。但尽管经过抽象、概括也还应顾及到它的真实性，例如它还是应当具有合适大小及尺度，否则也会歪曲整个平面的尺度感。此外，表现树的手法应当统一，切不可盲目追求变化，把五花八门表现树的方法统统集中于一张表现图之中。

树，总的讲来是一种比较自由、活泼的要素，因而较适合于用徒手来勾画。但有时也成排成行地排列得整整齐齐，例如人行道旁的树就是属于这种情况，这样的树则不应用徒手来勾画，而必须借助于仪器以保证其整齐划一。

除道路、绿化外，还有一些硬地面如广场、露台以及各种供人休息、活动、停车等场地，均需用铺面的形式来表现。这种铺面的表现方法与室内相似，但一般地讲其尺度要大一些。此外，格子划分的形式也更富有变化。特别是庭园，由于吸取了传统造园的手法，某些铺面还往往用天然的乱石来拼合，或用卵石镶嵌成图案。和室内一样，室外铺面也必须用细线来表现，并充分注意繁简要适当，只有这样才能使之与整体相协调。

某些设计方案，由于吸取传统造园手法而借堆山叠石来点缀环境。然而在平面图中怎样来表现山石呢？有不少设计图由于对这个问题研究得不够以致画得很乱。应当承认山石本身就比较凌乱，尤其是从它的上部看它的水平投影更是重重叠叠而缺乏条理。为此，在平面图中只能采用概括的方法而把它分成两、三个层次，其中特别凸出的峰峦还可借助于阴影而略加突出。

水，也可以起到美化环境的作用。在绘制平面图时如何表现水也是建筑师所经常面临的问题之一。用水，有两种情况：一种是利用地段中已有的天然水面，如江河湖海等。另一种是用人工方法开凿水池。前者的面积大，并呈不规则的自然形状。后者的面积小，一般呈规则的几何形状，但有时也可以故意模仿自然而呈不规则的形状。平面图中的水，按其大小，形状的不同可以有多种表现方法。例如大面积的天然水体，由于轮廓线曲折而富有变化，因而只要沿其周边用由密至疏的4～6条线来表现即可获得良好的效果。这种表现方法常常被误认为等高线，其实它仅是一种表现水的符号。它和等高线的区别在于：等高线的疏密是按地形的起伏而变化的。这里却疏密一律，不反映任何地形的起伏与变化。用由密至疏的几条线来表示水，应使代表水陆交界（岸）的那一条线略粗于其它几条线，这样将有助于突出水面的轮廓。用人工方法开凿的水池，通常呈规则的几何形状，较适合于用密集的波形线而组成的灰面来表现。但这种线需要用徒手来画，又必须保持工整，所以为简便起见也可以用密集的平行线来代替。水面与草坪同呈灰色调，若程度相近，便会使两者相混淆，为此，通常用加深水面的方法而使之更为突出。此外，用加深水面的方法还有助于加强其下凹于地面的效果，特别是小面积的水面，甚至可以用全黑的色调来表现。有不少表现图正是由于巧妙地利用极深（黑）的色调来表现水面，从而使画面构图具有极好的色调对比效果。

在复色的表现图中，通常用天蓝的颜色来表现水。如果是属于大面积的天然水体，其周边还可以作自深至浅的退晕。

在平面图中还有一些建筑小品如喷水池、雕像、花架、灯柱等，这里就不一一尽述了。

# 总平面表现图的绘制

首层平面图，即使连同其周围环境一并表现，其范围也是有限的。如果要进一步扩大表现图的范围以充分显示建筑物与所在环境的关系，就必须缩小比例尺，这时，对于建筑物本身（特别是它的内部）的表现已经降到次要地位，而更多的是着眼于表现建筑物与所处环境的关系，这就是通常所称的总平面图。

总平面表现图因所表现的建筑所处的环境不同而可分成两种类型：一种是处于自然环境之中；另一种是处于城市或人工环境之中。前者的表现重点在于建筑物与自然环境之间的有机联系，它的范围可能很大，地形变化也可能很复杂。例如可以处在地形起伏的山岳、丘陵地带，也可以处在江河湖海之滨，或依山而傍水。后者的表现重点主要是新、老建筑之间的有机联系，其范围可能稍小一点，所涉及的内容主要是已经建成的建筑物或街道、广场、道路、绿化等人工设施。除以上两种类型外，还有一种总平面主要是表现群体组合关系：例如各类公共建筑群的规划或居住区、街坊的规划等。

尽管在总平图中表现的重点已经由单体建筑转移到群体组合，由室内转移到室外，由建筑本身转移到环境，但与其它要素相比，包括已经建成的老建筑在内，新设计的建筑依然要扮演主要角色，并在画面中占据突出的地位。只有这样，才能分出层次；才能主从分明；才能在画面中形成焦点。那么，怎样才能突出新建的建筑呢？可以有以下一些方法：首先，应使它的轮廓线明显地粗于其它线条，这种方法特别适用于用线条来表现的总平面图。然而，在许多情况下，由于加粗线条也有一定的限度，所以每每感到仅靠这一种方法依然不能使建筑物得到应有的突出。为此，还可以借助于阴影而在总平面图中表现出三度空间的立体感，具体地讲就是按照建筑物各部的高度不同而分别画出它们的阴影。至于光源，其投射角的水平投影一般仍按 45°角考虑。其垂直投影却不一定限于 45°角，为防止阴影区过大，一般均小于 45°角，并且，建筑物愈高，其投射的角度则愈平缓。另外，水平投射角也不一定象画立面表现图那样，必须限定从左上方投射，可以根据建筑物的体形变化特点而任意选择，以求得最充分地表现出它的凹凸关系和立体感。但是应当注意的是，一经选定光源角度图面中所有的阴影关系都应与光源保持一致。

对于某些采用坡屋面的建筑，除表现出阴影关系外，还应按其受光的强弱而分出明暗乃至进一步表现出屋面材料的质感。

除了上述的方法外，还可以借色调的对比而突出主体建筑，这种方法一般适合于用水墨、水彩渲染的方法来表现的总平面图。例如在以浅灰的色调为基调的总平面图中，如果使主体建筑呈极深的色调（如黑），或在以深灰的色调为基调的总平面图中使主体建筑呈极浅的色调（如白），既使不画出建筑物的阴影，仅借色调的强烈对比，也可以有效地突出主体建筑。

在总平面图中，如果说建筑是第一个需要突出的层次的话，那么第二个需要突出的层次便是道路系统。由于总平面的范围远比平面图（首层）大，所以道路系统在图面中所占的地位以及对画面效果所产生的影响也显著得多。总平面图中的道路系统，通常也是借呈灰色调（中间色调）的绿化的衬托而得以显现的，因而，可以认为只要表现出绿化，道路系统便随之而出现。关于表现绿化的方法，大体上和平面表现图一样，只是由于总平面的比例尺甚小，某些组成灰面——草坪——的纹理、线条应当组织得更细密一些。

以上的道路也适合于表现铺面材料。在平面表现图的绘制中曾经提到，用以表现铺面的分格，其大小应适当，换句话说就是要按确定的比例尺来表现铺面材料的真实大小。但由于总平面图所使用的比例尺一般都很小，不可能严格地反映铺面材料的真实尺寸，因而只能用概括的方法来作示意性的表现。无庸置疑，在总平面图中用来表现铺面的分格要细密得多，但究竟细密到何种程度，则应根据具体情况反复推敲，既不能完全拘泥于真实，又不可与真实相距太远，否则将会歪曲表现图的尺度感。

相邻的旧建筑，作为一种实体而客观地存在着，虽然不是表现的重点，但为了反映新、旧建筑之间的有机联系，也必须给予适当的表现：既与新建筑有所区别，又不致因为区别过大而失掉了呼应的关系。这就是说它应当轻描淡写，比新设计的建筑适当地含蓄一些。

在总平面图中还有可能要表现较大的范围的地形、地貌诸如山岳、丘陵以及江、河、湖、海等。这些要素有的作为设计的一部分已经经过修整改造，有的则保持原状而作为环境因素用以衬托建筑物或建筑群。但不论经过改造与否，都必须与建筑物或建筑群和谐共处，共同地组合成为一个统一完整的整体。总平面表现图必须充分地体现出上述的设计思想，而切忌把新设计、规划的部分从整体环境中割裂开来。那么，这是否意味着可以不分轻重主次而一律地对待呢？当然不是。就一般情况而言，新设计规划的部分仍然应当作为重点而给予适当地突出，否则整个画面便可能由于缺少引人注目的中心而流于松散。但究竟突出到什么程度则应视具体情况而区别对待，例如一般的公共建筑或居住建筑群，无疑新设计、规划的部分应当在画面中处于明显突出的地位，至于旅游风景区规划，则应适当地削弱规划、设计的部分并相应地突出自然环境。

自然地形、地貌由于变化无常，往往可以借它的不规则的形状而活跃画面构图的气氛。特别是借助它与人工规划设计的部分相对比，更能使两者相得益彰，从而使画面构图臻于完善。为此，有许多建筑表现图都以总平面图“铺底”而把其它的图（如立面、剖面图）叠加在它的上面，从而使之起着“背景”的作用。这样，不仅层次分明，而且还可以把许多零散的图连接起来组成一个整体。

在较大范围内表现自然环境，首先必须把水、陆两部分用明、暗色调明确地区分出来。就一般情况而言，陆地宜呈浅色调，而水面则宜呈深色调，这是因为浅色调常给人以靠近的感觉，而深色调常给人以隐退的感觉，陆地浅而水面深，便可使陆地凸出于水面。但这也要看画面构图的具体情况而灵活对待，若水面过大，又呈极深的色调，也会使画面显得沉闷，面对这种情况也可使水面浅于陆地。陆地的灰色调一般代表绿化，可以分成两个层次：一是草地，二是树木、森林，后者叠加于前者之上，一般也较前者为深。在大范围内表现绿化，特别是林木，必须时刻注意整体效果的统一。具体地讲就是要使之既连成一片又有适当的疏密对比与变化，此外，还必须认真地推敲其外轮廓线，切不可七零八落，致使画面支离破碎。

在地形起伏的山地，还可借等高线来表现地面的凹凸起伏变化。应当肯定，反映自然地形变化的等高线不仅回环曲折而且又充满了疏密的对比与变化，经常可以用来加强画面的效果。为此，这样的等高线应当尽可能让它显露出来，而不要用稠密的绿化加以覆盖。

还有少数总平面表现图为了追求立体感，不仅画出建筑物投射在地面上的阴影，甚至还表现出等高线的阴影。

## 立面表现图的绘制

立面表现图的效果主要取决对于以下几个方面的表现：1．凹凸层次；2．光影；3．虚实关系；4．材料的色彩与质感。

西方古典建筑。主要是用石头砌筑的，虽然材料单一，但经过精雕细刻，其凹凸、层次变化极其丰富。对于这一类建筑，用水墨加以渲染，将可以获得极充分的表现。中国古典建筑则不然，由于涉及到多种材料，特别是色彩处理又极为华丽，用水墨渲染虽然可以表现出丰富的层次变化，但却不能充分地表现出材料的色彩、质感效果，而用水彩渲染则可以弥补水墨的不足，由此可见，不同类型的建筑，要想获得最佳的表现效果，还必须分别选择不同的表现方法和手段。

就我国当前的建筑实践来看，也可以分为两大类：一类建筑较多地考虑到吸取民族传统的形式与风格，这类建筑不仅体形组合及外轮廓线较富有变化，而且也很注重于细部处理，因而无论在凹凸层次或色彩质感方面都力求有丰富的变化。对于这一类建筑，一般较适合于用水彩渲染的方法来表现。另一类建筑，较多地吸取了国外建筑的处理手法，其特点是：体形及外轮廓线较简洁，但虚实对比极强烈；见棱见角，各种线条很挺拔；凹凸变化的层次虽不丰富，但穿插组织得十分巧妙；偶而也运用色彩或质感的强烈对比以加强其效果，总之，建筑物的立面处理主要是遵循几何构成或色彩构成的原则行事，从而使建筑立面犹如一件抽象的雕刻。对于这一类建筑，无论是用水墨或水彩渲染的方法来表现其立面，均难获得令人满意的效果。而用线条加渲染再辅以色块，或干脆用水粉平涂的方法组成色块来表现其立面，却可以取得更好的效果。

随着西方古典建筑形式在工程实践中渐趋消失，水墨渲染已濒临于淘汰，这里就不再赘述了。关于水彩渲染，在本书的第二章中已经结合实例较为详细地讨论了立面渲染的方法及步骤，这里无需重复，下面拟分别阐述用线条加渲染和用黑、白、灰或不同色块来表现建筑立面的技法问题。

用水墨或水彩作渲染，也必须认真地用铅笔线画出立面图的内外轮廓，由于水墨或水彩均具透明特性，因而这些线条也都显露于画面。但毕竟由于铅笔的线条浅，在画面中所起的作用十分有限，画面效果基本上还是依靠于明暗色调或色彩的变化而取得。这样的立面表现图虽然柔和细腻，但却不够挺拔。为了克服这一缺点以适应建筑形式的发展和变化，近年来多强调用线条来表现建筑立面。其方法步骤是：先用墨线画出建筑物的内外轮廓线。为了分出层次，外轮廓应用稍粗的线条来绘制，内部凹凸转折用稍细的线条来绘制，最后用最细的线条来表现建筑材料的质感——如饰面材料的分格线，清水砖墙的砖缝等。在完成上述工作后，为了表现出墙面处理中的虚实关系，可用极细的线条交织成的灰面来表现门窗孔洞。最后，用纯黑的墨来填阴影。用这种方法表现建筑立面，虽然仅有黑、白、灰三个层次，但由于线条在画面中所起的作用十分显著，且明暗对比又异常强烈，比之水墨、水彩渲染，似更强烈、结实、挺拔。此外，这样的表现图由于完全利用线条来表现，也可称之为“干”画法，它既可以画在图画纸上，又可以画在半透明的描图纸上供晒图复制，因而适应性较广，颇受广大建筑师的欢迎。

但是这种表现方法也有一定的局限，即灰面的色调层次太少，对于某些凹凸转折变化极其丰富的建筑立面来讲，往往表现得不够充分。为此，还可以把线条和渲染这两种手段结合起来，各自发挥其所长，互相弥补其所短，这样，既可表现出丰富的层次变化，又不失强烈、结实、挺拔所独具的力度美。

采用线条与渲染相结合的方法来表现建筑立面，应当充分发挥线条的作用，而不必过多地依靠一遍又一遍的渲染来追求细微的层次变化。此外，为了保持线条的清晰、流畅、挺拔，应当先进行渲染，后用墨线加重线条。待线条加重后如果发现渲染的部分分量不足，尚可再叠加一遍，但切忌反复渲染以致使线条模糊不清。

采用这种方法表现立面，一般可以不画天空，或仅用极浅的色调平涂一块底色作为立面图的衬底或背景。其它配景如树、山、人等也必须相应地图案化，以期求得整体的统一。

还有一些建筑立面，不仅表面平滑，质感单一，而且没有任何纹理可资表现。对于这样的立面，线条已无用武之地。面对这种情况，可以考虑用色调形成的色块来表现。它既可以由黑、白、灰等单色组成的“色”块来绘制，也可以由多种色彩组成的复色色块来绘制。这种表现方法一般适合于选用水粉颜料，即使单色表现图也应用水粉颜料中的黑与白来调制。这种表现方法的特点是：图案性强、结实，如果是复色表现图，还可以获得丰富的色彩变化。但要达到上述效果则必须注意：调制颜色时应保持合适的稠度，既不能过稠，又不能太稀；填色时靠线要齐，在填色之前最好用鸭嘴笔蘸相同的颜色先画出轮廓线。此外，为了谋求图案性的效果，应当平涂而不必退晕，但平涂时务必保证均匀。

## 剖面表现图的绘制

和施工图不同，建筑剖面表现图主要是表现建筑内部空间处理——各主要空间相互之间的分隔与联系、空间序列组织、高程变化、室内装修以及内、外空间相互关系等的状况的，因而，对于那些不显露于外的内部结构或构造做法一般均不予以表现。

与平面图相比，剖面图是有其局限性的，如果说平面图基本上可以把同一层内所有的房间都给予表现的话，那么剖面图所能够表现的则只限于有限的一部分房间，为此，必须针对每个设计方案的特点来选择合适的剖断线。例如在对称布局的建筑中，由于主要厅堂（空间）一般均沿中轴线依次展开，因而沿中轴线切开的剖面（一般称纵剖面），便能最充分地反映出内部空间处理的精华所在，但是尽管如此，它还是不能反映沿中轴横向排列的空间变化情况，这时还必须作出另一个方向的剖面图——横剖面图。对于平面布局特别复杂的建筑物来讲，甚至依靠纵、横两个剖面还不够，还必须作出更多的剖面图才能充分、全面地表现出内部空间的组织与处理。至于不对称的建筑平面，选择剖断线的问题就更为复杂了。一般地讲，作为主要剖面图它应当能够同时反映出建筑物的主要入口、主要楼梯以及各主要厅堂之间的相互关系，换句话说，就是要能够表现出沿主要人流路线依次展开的空间序列。然而采用不对称的平面布局，特别是流线曲折蜿蜒的方案，是很难通过一个剖面图而展示出其内部空间序列的全貌的。为此，除主要剖面图外也必须增加若干个辅助的剖面图才能有效地说明问题。

在剖面图中，剖断线起着界定空间的范围与周界的作用，必须给予足够的强调，通常都是用最粗的线条来表示。在比例尺较小的情况下，这样的线条本身有时就代表着楼板的厚度或墙的厚度，因而其两侧都起着界定空间的作用，所以都必须按照设计意图表示出极细微的凹凸转折变化。有的剖断线仅一侧起着界定空间的作用，其另一侧可能面向结构所占据的空间，面向结构空间的一侧可适当放松，但界定空间的一侧必须见棱见角、正确地反映出各种细微的凹凸转折。所谓细微的凹凸转折一般系指踢脚板、护墙板、窗台线、挂镜线等。这些部分的起伏转折虽然很不显著，但对于室内空间的影响却不容忽视，在剖面图中如果得不到适当的表现，必然会影响效果。当然，这也要看比例尺的大小，如果比例尺很小也可以忽略不计。某些剖面图为了把结构所占据的空间与人们所能看到的建筑空间明确地区分开来，索兴把前者全部填黑，这时剖断线也就随之而消失。这样的剖面图黑白分明，内外空间十分突出。但某些采用桁架或空间网架等作为屋顶结构的设计方案，由于结构所占据的空间过大全部填黑将会使人感到压郁、沉闷，对于这一类方案结构空间还是以空白为好。当然，为了防止空旷也可以用较细的单线示意性地表示出结构的杆件。

在剖面表现图中还不可避免地要表现出室内装修。特别是西方古典建筑，室内装修极其富丽堂皇，某些用水墨渲染的剖面表现图，往往严格地按照切开后的真实情况投射出阴影。如同表现立面图一样而详细地刻画出每一个细部。现代建筑虽然空间变化很丰富，但内檐装修一般都比较简洁，似乎没有必要象古典建筑那样用渲染的方法来精雕细刻。但至少也必须按照设计意图把门窗及其它凹凸转折的关系表现出来。此外，还必须把内檐装修的材料质感区分出来。门窗及凹凸转折主要是通过投影线来表现的，这些线条也应有粗细之分。门窗开口及大的转折关系应当用稍粗一点的线来画；其内部分割则应当用细线来表示；关于材料质感如木纹、马赛克、大理石、水磨石等的分块线及其纹理变化，则应当用最细的线来表示。只有这样才能获得清晰的层次感。为了表现出内檐装修的色彩变化，也可以用水彩或水粉来绘制剖面表现图。用水彩表现的剖面表现图色彩较含蓄淡雅，并富有清晰的层次变化。用水粉绘制剖面图色彩较富丽凝重，并具有某种装饰性效果。

就一般剖面图来讲，主要还是着眼于表现各空间相互之间的分隔与联系，所以并不把重点放在室内装修上，如果要详细地表现室内装修，往往必须以一个厅堂（房间）为单位而作出六个面——四个墙面及地面、顶棚——的展开图。这样展开图（特别是墙面）基本上也是属于剖面图的范畴，但比一般剖面图的比例尺要大，通常都取 1/50 以上，一般均用水彩或水粉详细地刻画各个墙面上的门窗设置；各种线脚，护墙的凹凸转折关系；各种饰面材料的色彩质感变化。此外，还必须表现出室内家具陈设乃至灯具、帘幕等设施。

近现代建筑特别注意内部空间相互渗透、穿插及层次变化，因而仅靠剖面图往往不能有效地表现出建筑师的设计意图。为此，又出现一种剖面—透视图，换句话说就是把剖面图与透视图相结合。这种图兼有剖面图和透视图的特点，可以一目了然地展示出极其复杂的内部空间变化。这种图均取一点透视，但灭点的选择必须经过认真地推敲研究，这就是说必须根据方案的特点以及不同的表现意图而巧妙地确定透视角度。剖面—透视图虽然重点在于表现室内空间，但由于内部空间和外部环境是不能机械分开的，它们往往相互联系并共同形成一个有机的整体，所以对于外部环境也必须给予适当地表现。

## 建筑装饰表现图的绘制

总平面、平面、立面、剖面等表现图所着重表现的是建筑物的整体处理。至于细部装饰，由于上述表现图的比例尺一般都比较小，因而都不可能得到充分的表现。为此，还有必要用较大的比例尺来详细刻画建筑细部以及各种装饰处理。

建筑装饰从大的方面讲可以分内檐、外檐两大类，这两者所涉及的内容都是十分广泛的。以内檐装修来讲，依附于墙面上的踢脚、护墙、门窗开口、暖气罩、通风孔洞、壁画、花饰、浮雕等；依附于顶棚上的线脚、花饰、灯具等；以及地面的拼花图案等均属内檐装修。以外檐装修来讲，依附于外墙面上的各种线脚、门窗开口、檐口，乃至花饰、雕刻、壁画等均属外檐装修。由于所包括的内容如此广泛，在这里是不可能一一尽述的。尽管装饰的类型繁多，但就表现来讲所遵循的原则及方法则基本一律：即真实、准确地把握住它的形状、色彩及质感。

就形来讲，一般的建筑装修比较简单，建筑师在完成其设计后只要按一定比例放大，是不会产生很大出入的。关于色彩及质感，如果掌握了一定的建筑绘画技巧，也不难于应付。但是对于某些方面的装饰如花饰、浮雕、壁画、镶嵌图案等，其难度则比较大，除非有较高的艺术素养，便难以给予恰当的表现并取得良好的效果。

关于一般的装修，在本书的第二章讨论建筑绘画技巧时已略有涉及（参看图31、41、43、48），这里不再详述。下面主要想讨论一下关于雕塑、壁画等建筑装饰的表现问题。雕塑或壁画，作为装饰它应当是建筑整体的一个组成部分，因而它必须与整体相统一协调。为此，建筑师在表现时应当适当地使之几何化或图案化。例如浮雕，无论是花饰或是人物、动物形象，如果不加以抽象、概括而用自然主义的方法来表现，不仅与建筑格格不入，而且本身也往往由于缺少体积感和清晰的层次变化而显得单薄贫弱。

用立体派画家的眼光来观察变化微妙的自然形态的东西：往往可以把它分解成为若干个几何性很强的立方体或锥体；把曲线转化成为折线；把曲面变为多面体；许多近代画家、雕刻家正是以这种方法来再现自然从而赋予了对象以强烈的艺术感染力。建筑和其它艺术是同步发展的，在近现代建筑中，如果想运用雕刻、绘画等手段来装饰建筑，那么建筑师也应当像同时代的雕刻家、画家一样，善于运用抽象的方法来概括某些自然形态的东西，并通过绘画的语言来表达自己的设计意图。这一过程从表面上看似乎是属于表现方法，但从实质上讲则是一种艺术创造。建筑师在从事这一创造时不可能一挥而就，必然要根据特定的主题立意构思，广泛地收集资料，必要时还要借助于模特儿来使构思具体化、形象化。与此同时则必须作出草图，并经过反复推敲研究一次又一次地修改草图，直至定稿。应当说整个过程既是一个构思创造的过程，又是一个不断用草图形式加以表现的过程。待草图定稿后最终才有条件用水彩或水粉更加深入细致地绘制正式表现图。

用作建筑装饰的雕塑，一般都是用单色来表现，既可以用水彩渲染，也可以用水粉绘制。用水彩表现雕塑必须先用铅笔线起好轮廓，这里包括两个方面：一是外轮廓线；二是内部凹凸转折的分面线，前者的线条应较重、较肯定；后者的线条应较轻并有实有虚。完成内外轮廓后可用较淡的色调平涂铺底，然后用叠加的方法分面。分面时应由浅而深，即先作浅的面，待干后一层一层地加重深的面。此外，在分面时应强调出明暗分界线，与此同时还必须用退晕的方法作出反光效果。大体上完成分面后即可用深色调作阴影，作阴影时也必须注意运用退晕的方法而取得反光效果。和建筑相比，雕塑的凹凸转折和分面变化要复杂微妙得多，所以表现的难度大，对技巧的要求高，如果没有较坚实的素描基本功，将难以取得好的效果。

用水粉表现雕塑也需先用铅笔线勾画出内外轮廓，但由于水粉系不透明颜料，画完后轮廓线将被颜料所覆盖，因而对它的要求不甚严格，但即使是这样，也必须保证基本上准确。另外，从技法上讲也不同于水彩，所取的是覆盖法，即先用较深的颜色画暗部，然后逐步地用浅色覆盖在暗色之上来表现亮部，最后加以调整以求得整体的统一。如果技巧熟练，也可以一块一块地拼接，并由此而分出大的体面转折，最终再深入刻画细部。

壁画既可以用作内檐装饰，也可以用作外檐装饰。它的题材、内容、形式和风格往往也是由建筑师按照一定设计意图确定的。为此，建筑师也应当掌握表现壁画的技巧。就形式和风格看，壁画可以分为写实和抽象两大类，然而为了加强装饰性效果，即使写实性的壁画也必须经过适当的变形而使之具有某种图案性。当然，除了写实性的壁画外，还可以用纯粹的抽象图案来作壁画，以充分发挥其装饰性效果。

和雕塑一样，壁画也必须经过精心设计，所以必须绘制大量草图，并通过它来推敲研究其形象及色彩的构成。壁画表现为一种平面关系，从表现技巧的角度看似乎比雕塑要简单一些，但从色彩变化的方面看却又比雕塑复杂得多。如果说雕塑一般均用单色来表现，那么壁画则必须用复色来表现。至于是用水彩还是水粉颜料来绘制，则要看壁画的形式和风格。一般地讲偏重于写实性的壁画较适合于用水彩来表现；偏重于抽象性的壁画较适合于用水粉来表现。用水彩表现壁画需先用铅笔详细地作出壁画本身的轮廓线以及材料的分块线；然后用较淡的色彩铺底；继而区分出大的色块构成；最后按材料的分块逐一地填上较重的颜色。这最后一步程序不仅要表现出壁画本身的效果，而且同时还要表现出材料的质感，所以在填色时必须按照光线的投射角度细心地留出每一个小方块的高光（参看实例四十七）。如果用水粉表现，可先不考虑材料的分块线及质感，待完成壁画本身内容后可用直线笔蘸较浅的颜色画出分块线。

# 完整地表现建筑要涉及哪些问题？［图1］

——建筑绘画原理基本内容概述

1 属于形的方面首先是轮廓，对于建筑绘画来讲用科学的方法来确定建筑物的透视和轮廓，具有特别重要的意义。

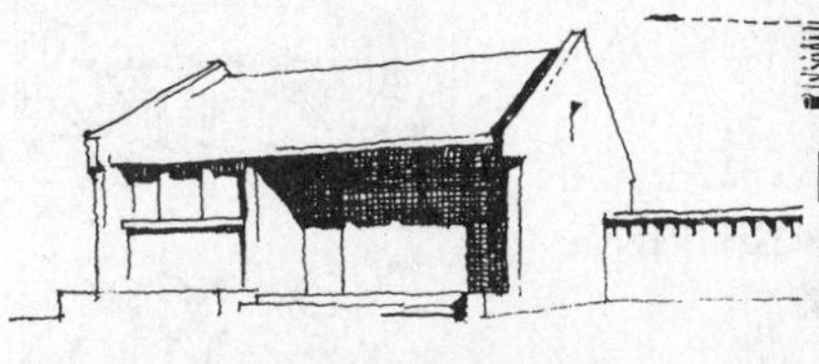

2 其次，是光影。从建筑绘画的程序来讲，在确定了轮廓之后，第二步就是要正确地确定建筑物的阴影范围。

3 和光影相联系的是分面，即按受光情况不同把最亮面、次亮面、暗面区分出来，以表现建筑形体的转折。

4 再深入一步就是退晕。这也是一种明暗变化，但却更细微，是表现光感和空气感的重要手段。

5 除了轮廓和光影明暗外，还要表现出建筑材料的固有色和质感。否则，所描绘的建筑形象就会缺乏真实感。

6 处理好重心、焦点、虚实、调子等关系，使建筑物融合于环境之中，并共同形成一个和谐统一的整体。

7 为了真实而又完整地表现出建筑形象，还必须处理好配景——画出天空、地面、树木、绿化、人物等，以衬托建筑物。

## 线描与轮廓[图2]

线条是绘画造型最基本的手段之一，运用线条的变化来表现对象的方法称线描。任何对象，只要我们对它进行观察和分析，都可以清楚地把它分解成为两个方面：一是外部轮廓；二是内部的凹凸转折。所谓线描，就是用线条把这两者描绘下来。

在建筑绘画中，线描通常有三种形式：1.全部用细线描绘内外轮廓；2.用粗细线相结合来描绘内外轮廓；3.用粗细虚实线相结合来描绘内外轮廓。

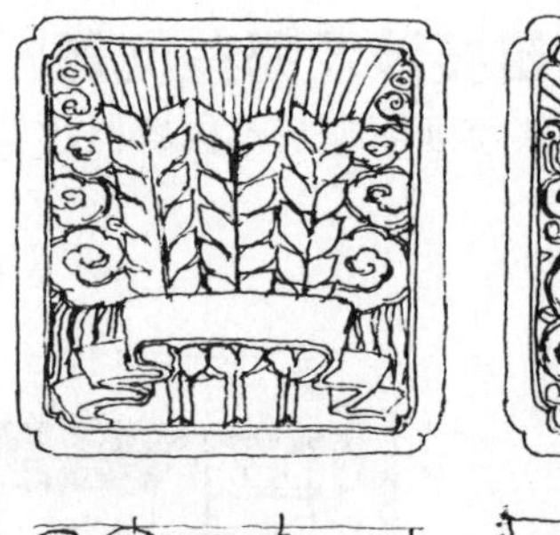

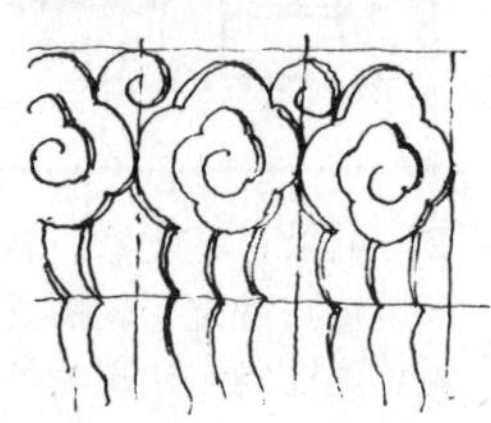

1 全部用细线来描绘对象的例举

3 用粗、细、虚、实线相结合描绘对象的例举

2 用粗、细线相结合描绘对象的例举

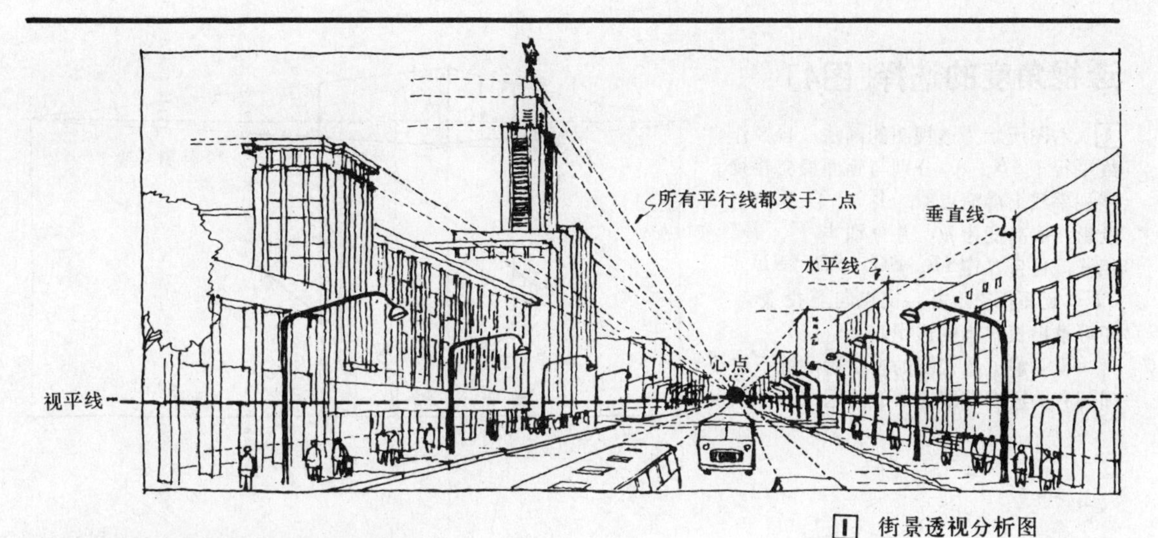


**1** 街景透视分析图

## 关于透视的基本概念［图3］

当漫步街道的时候，只要稍为留心地观察一下街景，就会显而易见地发现：同样的东西，处于近处的大，远处的小，连街道也是愈远愈窄，这就是透视现象，现举例说明于后：

物体 a b c d e f 画面 a′ b′ c′ d′ e′ f′ 视点

**2** 透视形成示意图

**3** 透视规律分析图

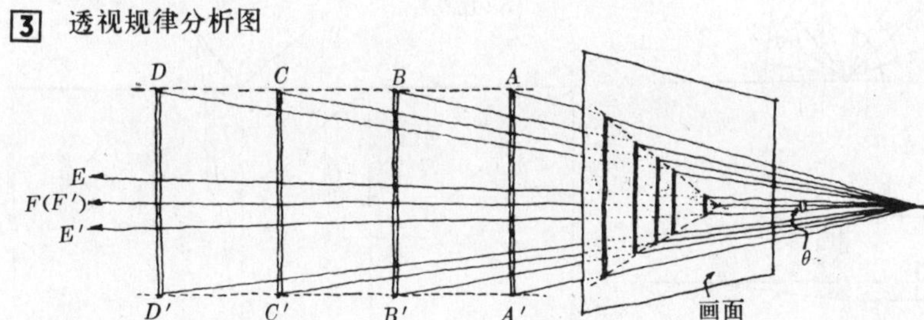


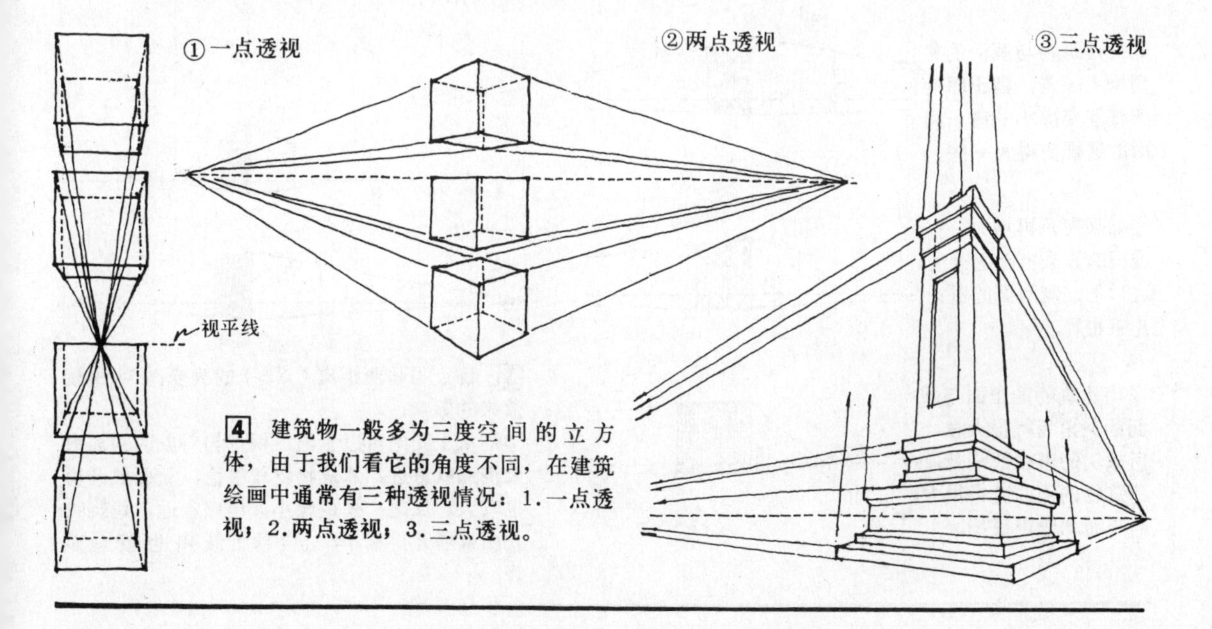


**4** 建筑物一般多为三度空间的立方体，由于我们看它的角度不同，在建筑绘画中通常有三种透视情况：1.一点透视；2.两点透视；3.三点透视。

## 透视角度的选择[图4]

**1** 右图所示为透视图的画法：自$S$作线平行于$AB$、$AC$分别与画面相交并投在视平线上得消点$V$、$V'$，自$A$向上投影，取高度为$h$，并分别与$V$、$V'$相连；再自$S$作$SB$、$SC$、$SD$、$SE$、$SF$与画面相交，并自交点向上投影，即可求出长方体的透视。

当了解了透视图的画法后，就不难理解有关透视角度选择的问题。

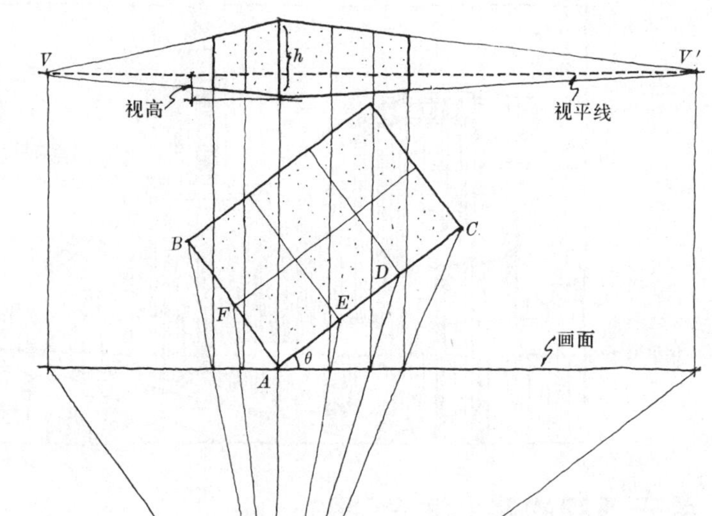


**2** 建筑物与画面角度的改变对透视的影响：

①当建筑物的正面与画面的夹角很小时，所求出的透视效果是：建筑物的正面大，侧面小。

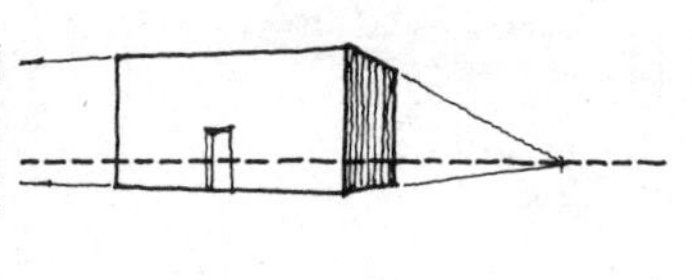

②使建筑物与画面的夹角增大一些，则正面的透视就变得小一些，侧面的透视变得大一些。

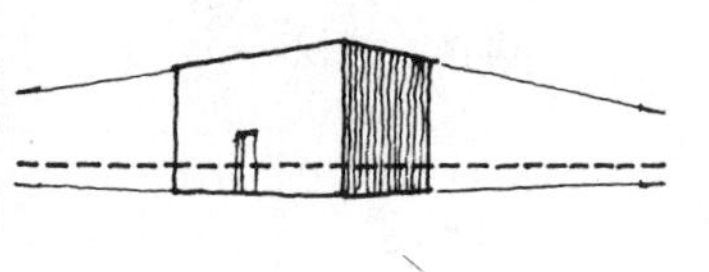

③如果夹角再增大一些，透视的效果也随之改变，这时正、侧两面的透视几乎相等。

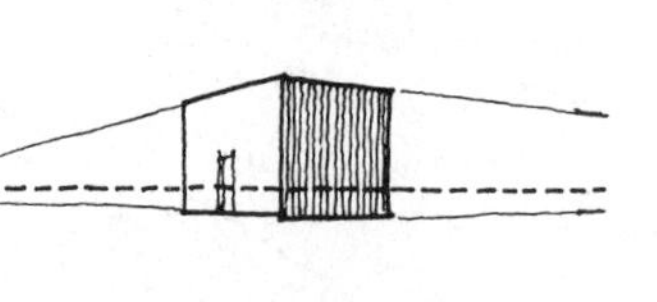

④当建筑物的正面与画面的夹角变得很大时，所求出的透视效果是：建筑物的侧面变得很大，而正面却变得很小。

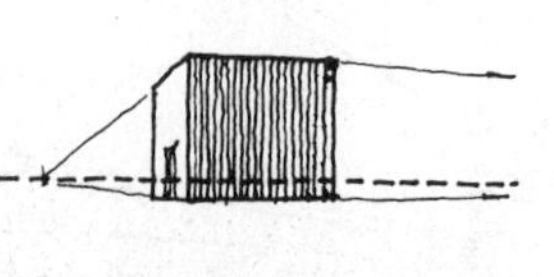

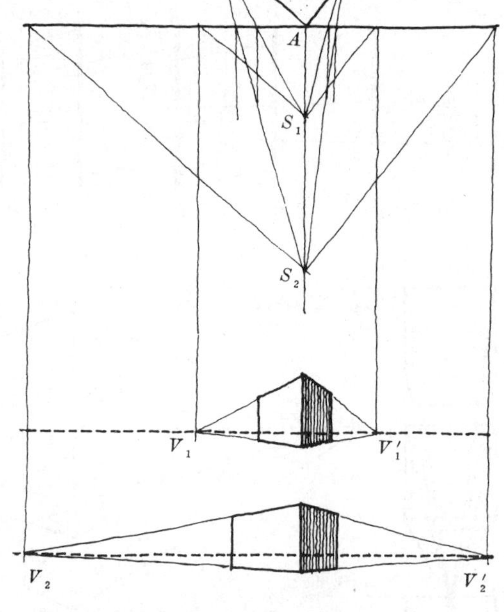


**3** 视点与画面距离（$SA$）的改变，对透视效果的影响：

从上图中可以看出：视点与对象的距离愈大消点就愈远，建筑物就较平稳，立面展开得也较大。反之，视距愈小，消点愈近，建筑物立面就展开得愈小，上下缘的倾斜也就愈显著。

**4** 视平线高度的改变，对透视效果所产生的影响：

不同视高所产生的透视效果，在实际绘画中的应用

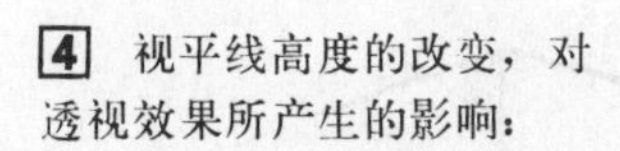

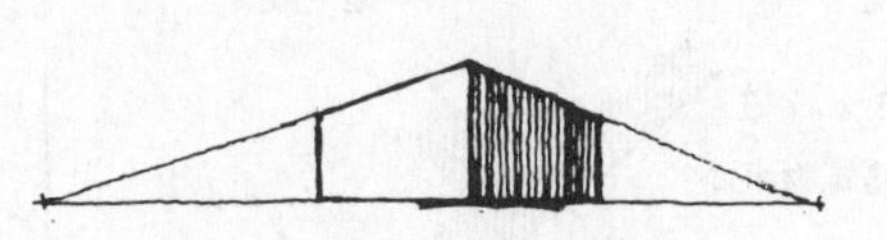

①视平线愈低建筑物檐口线愈倾斜，能给人以高大雄伟的感觉。

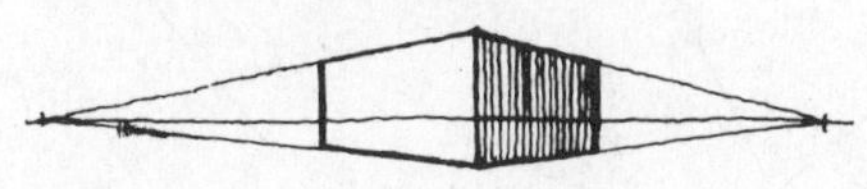

②一般常见的透视，多假定视平线与人的高度相等，其透视效果比较平易近人。

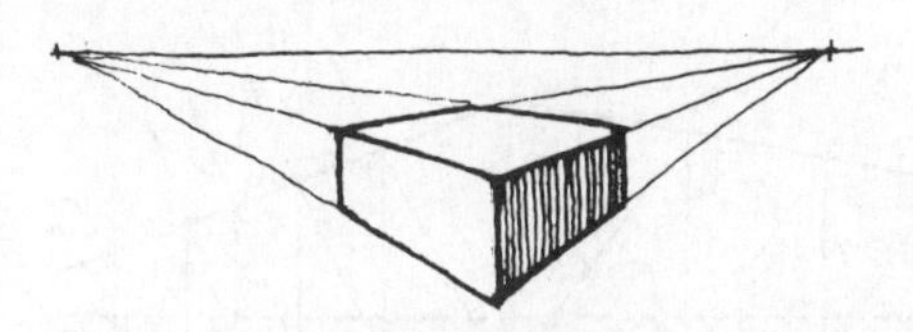

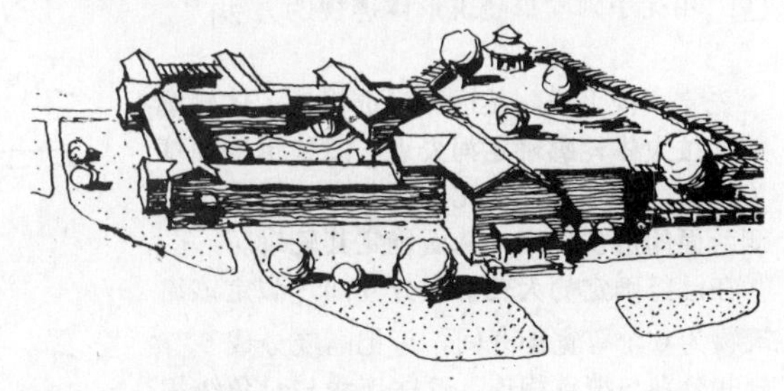

③当视平线很高时，所产生的是鸟瞰的效果，适合表现群体建筑的布局与组合。

**5** 用一点透视来表现对象：即假定建筑物与画面平行，就会出现这样的透视情况。这种透视效果的特点是：能使所要表现的对象端庄稳重。因而，适合于表现纪念性建筑的门廊、入口。

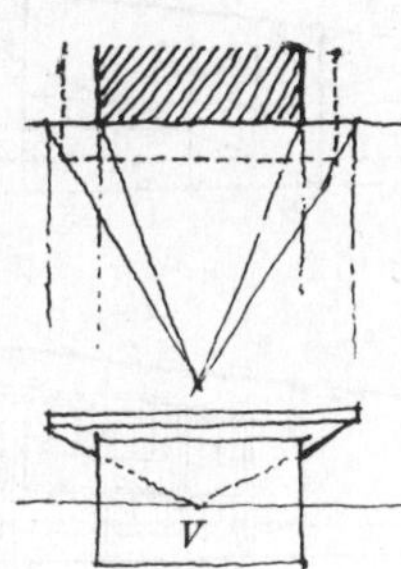


**6** 用三点透视来表现对象：当从近处仰头去看高大建筑物时，就会产生这样的透视情况，其特点是能给人以高耸雄伟的感觉。

## 理想透视角度的选择[图5]

这个方法的特点是：按照理想的透视效果，反过来确定建筑物与画面的夹角、视距和视点高度，其具体方法和步骤如下（右图）：

①按照理想的效果用徒手画出建筑体形突出部位的一角，并用延长两组边线的方法，确定消失点$V$及$V'$。

②连$VV'$即为视平线。把$VV'$投影于画面上，以$PP'$为直径作半圆，自$A$作垂线交半圆于$S$，$S$即为视点，$SA$即为视距。

③过$A$点作一直角，使两个直角边分别平行于$SP$、$SP'$，该直角即代表建筑物的平面。

至此，所需要的条件已全部被求出。

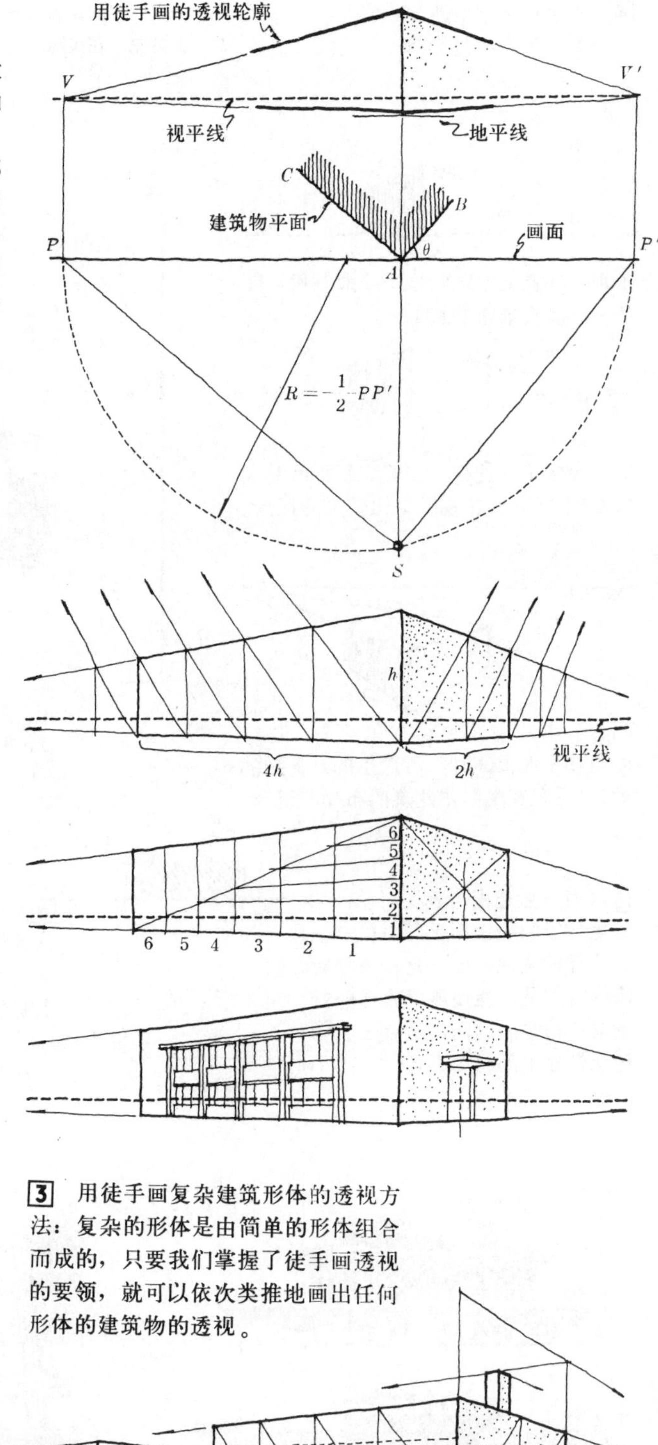


## 徒手画透视的方法[图6]

**1** 用徒手画简单建筑形体透视的方法：

①先定下视平线，然后画出透视的大体轮廓，随即按大体轮廓确定消失点。以建筑物高度为标准，借正方形的比例来判断建筑物正、侧两面的透视长度，从而确定其轮廓。

②在已经确定的大轮廓内分开间，假定该建筑物为6个等宽的开间，可把高度分成6等分并分别与消点相连，这些连线与对角线相交处即为分开间线。至于侧立面则仅需作两对角线相交即可定出中点，从而确定开门的位置。

③按照已经确定的开间，把门、窗、垛、柱等细部一一填进去，即可画出建筑物的全部透视。

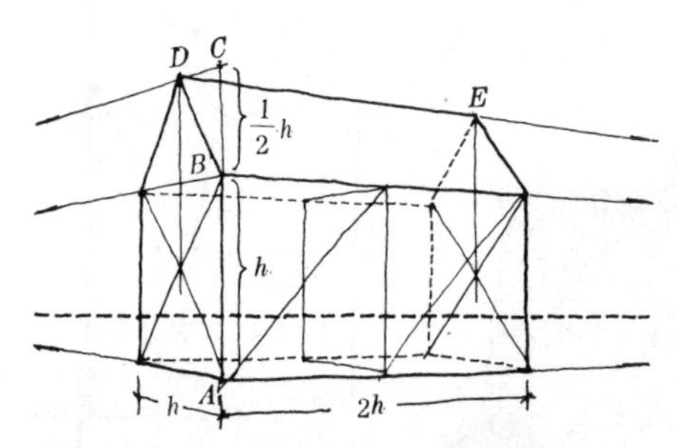


**2** 用徒手画坡屋顶建筑透视的方法：图示建筑的高度为$h$，长度为$2h$，宽度为$h$，坡顶高为$h/2$的透视的画法。

**3** 用徒手画复杂建筑形体的透视方法：复杂的形体是由简单的形体组合而成的，只要我们掌握了徒手画透视的要领，就可以依次类推地画出任何形体的建筑物的透视。

## 圆的透视的画法［图7］

在建筑绘画中，经常会遇到画圆的透视问题。例如表现拱券、拱廊、穹窿、水塔、烟囱，乃至圆形的建筑、柱子和装饰等，都要涉及到圆的透视。

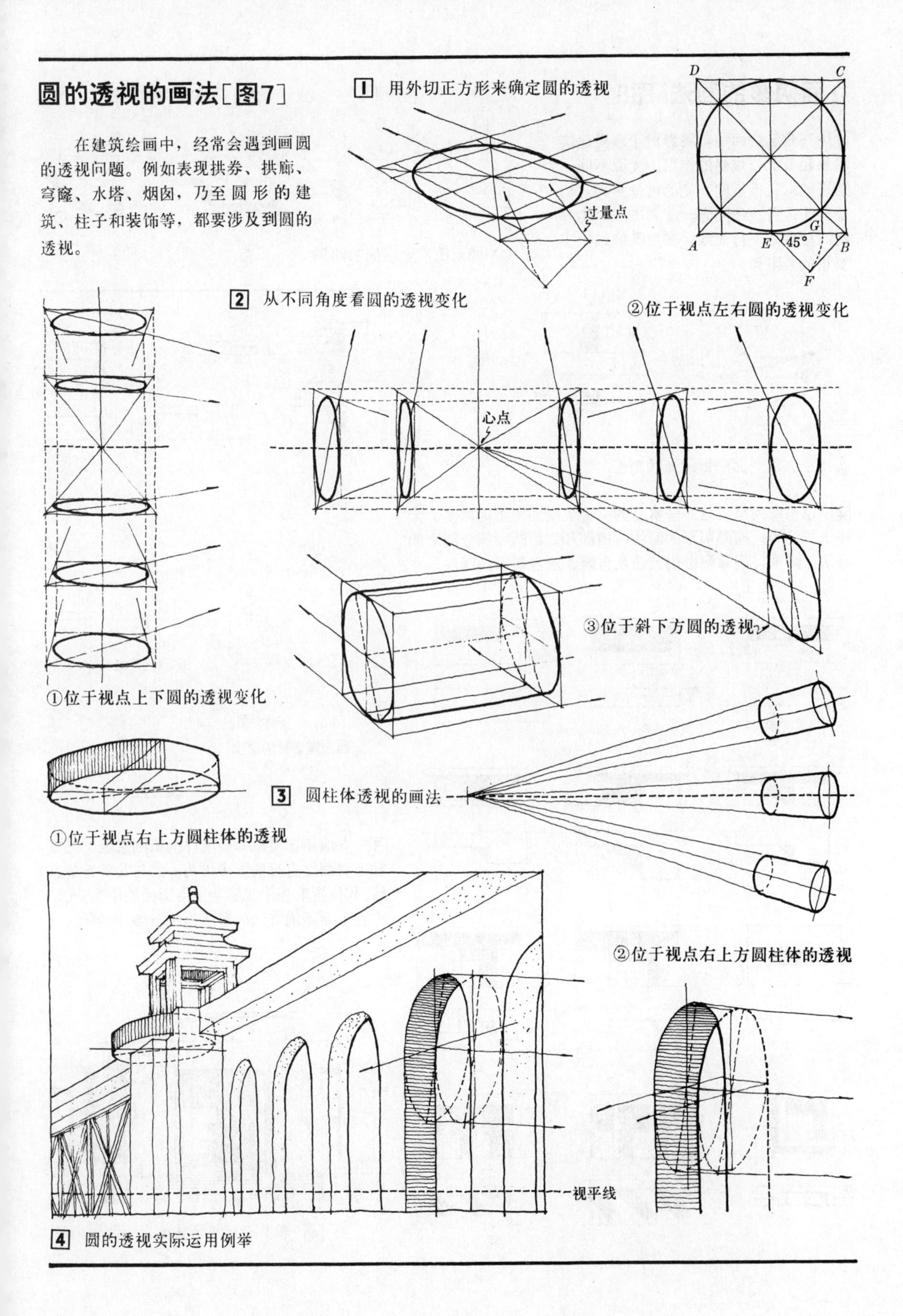

## 立面阴影的画法[图8]

**1** 在建筑绘画中，阴影对于表现建筑形象起着十分重要的作用。光源不同，阴影的形状也不同。光源可分两类：一是灯光；另一是阳光。前者是辐射光线；后者是平行光线。在建筑绘画中主要用的是阳光。

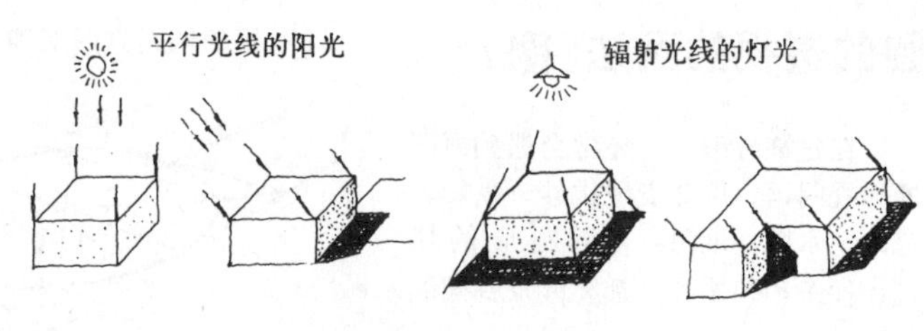


①不同光源产生不同的阴影

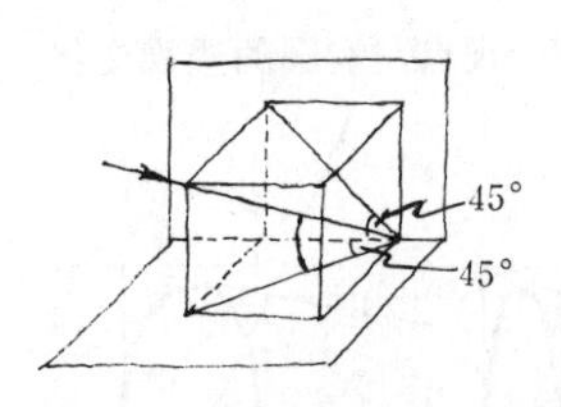


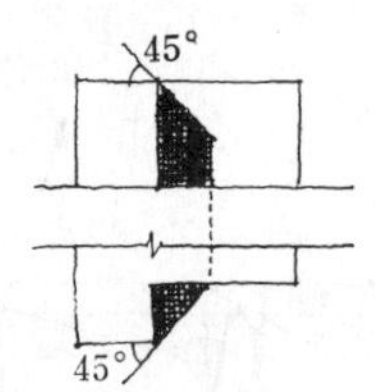


②用于表现立面阴影的光线角度

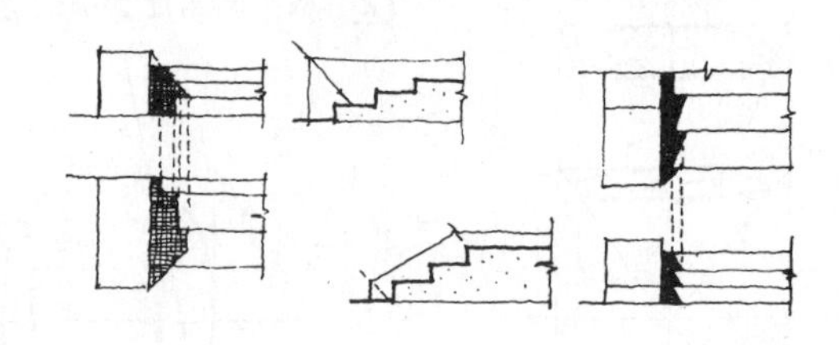

**2** 以下所列举的是一些常见的立面表现图阴影的画法。大体上可分为：檐部阴影的画法；檐部和立面凸出部分阴影的画法；雨罩、门廊阴影的画法及台阶、踏步阴影的画法。

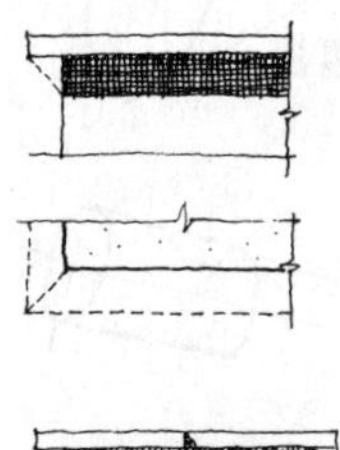

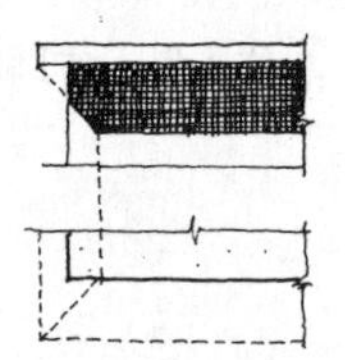

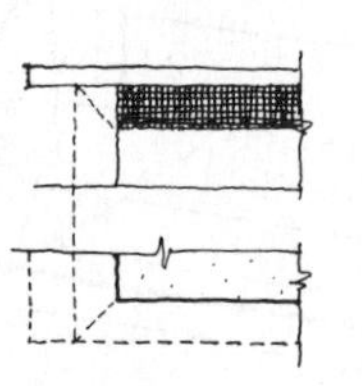

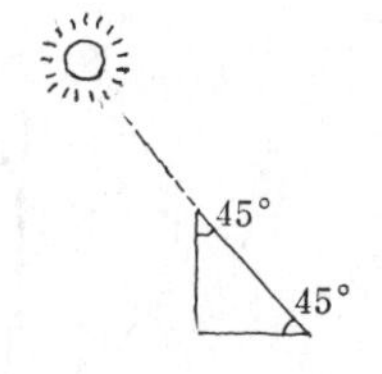


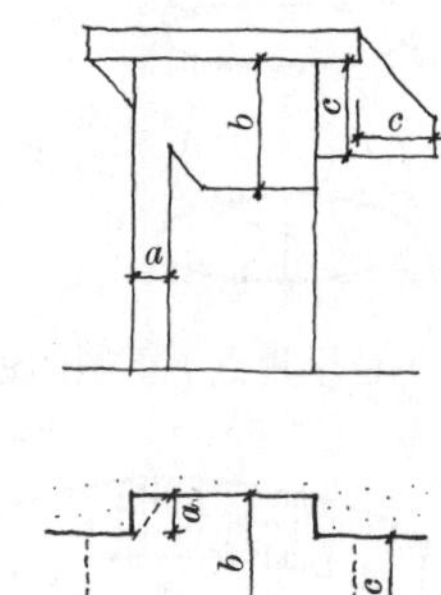


*a*、*b*、*c* 分别表示投影物至落影面的深度。

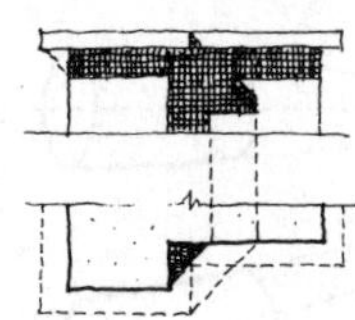

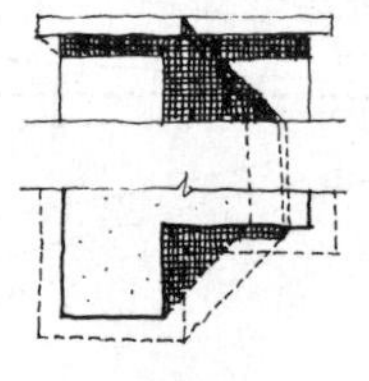

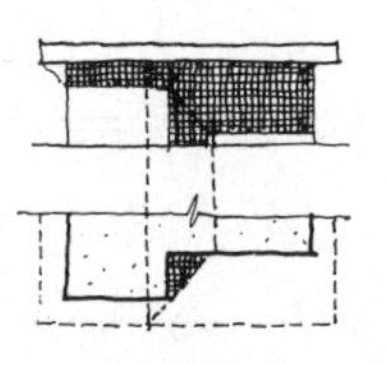

**3** 立面阴影可以本着这样的原则来画：凡平行于立面之直线的影子仍为一条与其平行的直线，其位置取决于投影物至落影面的距离。凡是垂直于立面的直线的影子为一条45°的斜线。

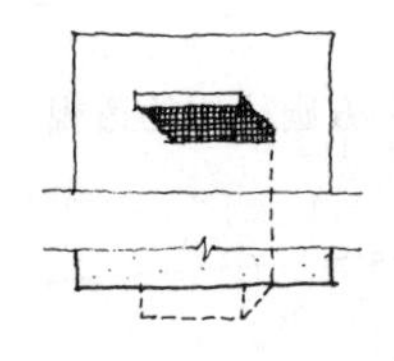

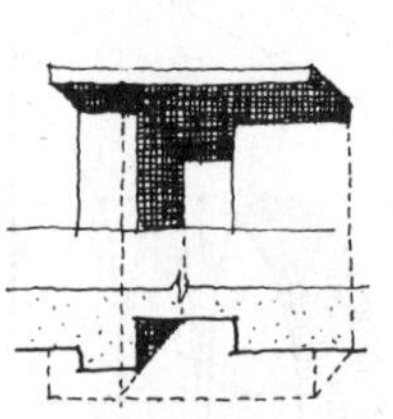

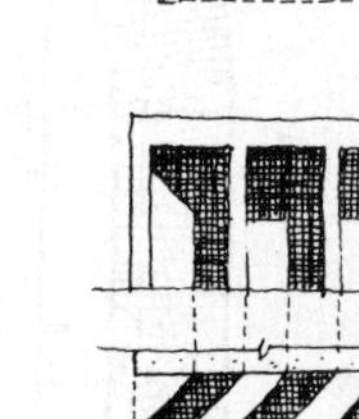

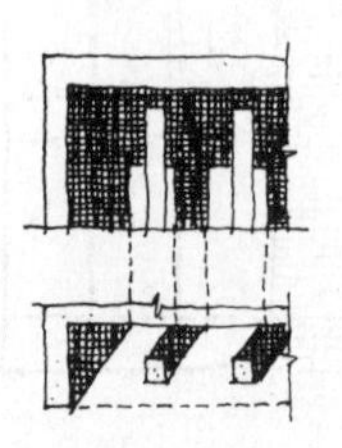

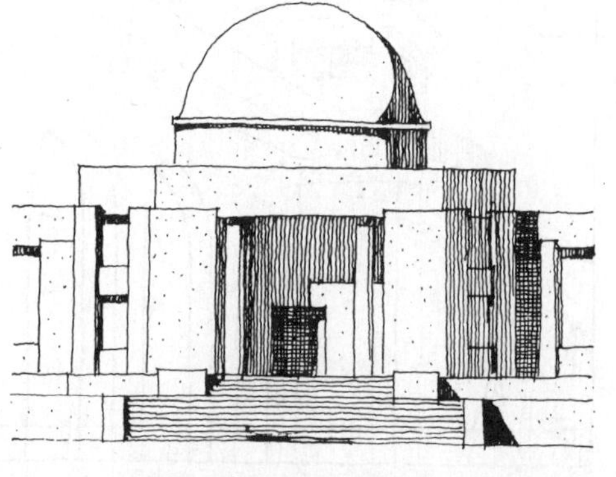

**4** 较复杂建筑形体的立面阴影例举

## 透视阴影的画法［图9］

透视阴影求起来十分麻烦，在建筑绘画的实际工作中，既不可能，也不必要按照画法几何的方法严格地来求透视阴影。一般都是根据原理与经验用徒手的方法来画出透视的近似阴影就够了。

**1** 画透视阴影的原理示意

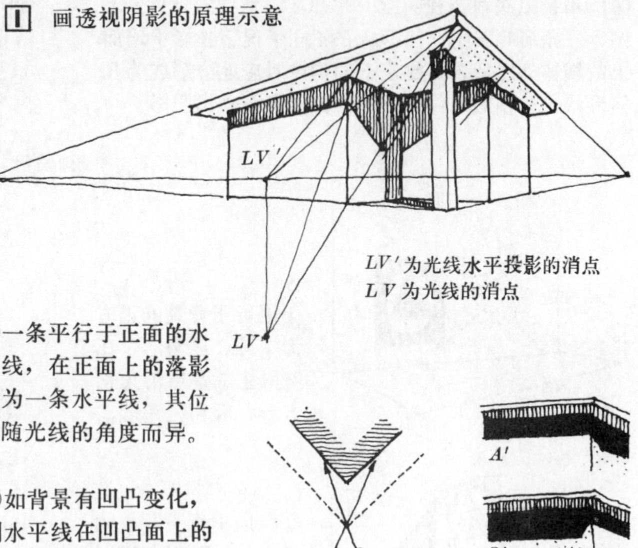


**2** 横向阴影的画法：

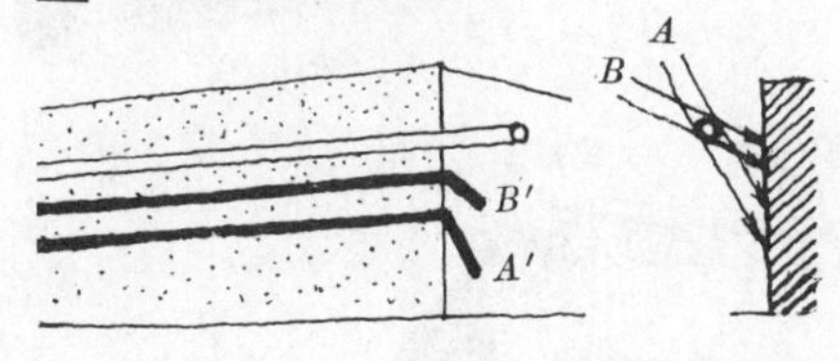


①一条平行于正面的水平线，在正面上的落影仍为一条水平线，其位置随光线的角度而异。

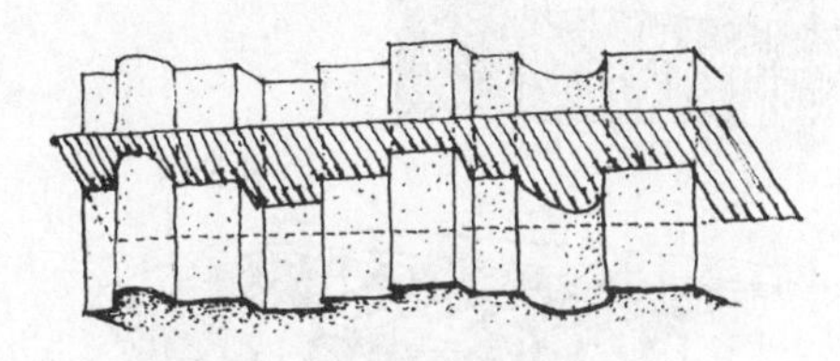

②如背景有凹凸变化，则水平线在凹凸面上的影子犹如过该线作一斜面与背景所得之交线。

A B A′ B′

③按不同光线角度画檐角阴影的方法

④按不同光线角度画檐部阴影的方法

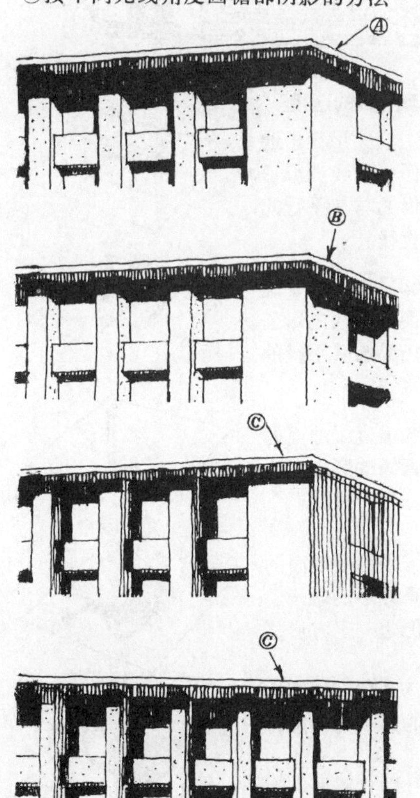


**3** 纵向阴影的画法：　如同前面所讲的道理一样，只要把它旋转90°就成了纵向阴影的画法。

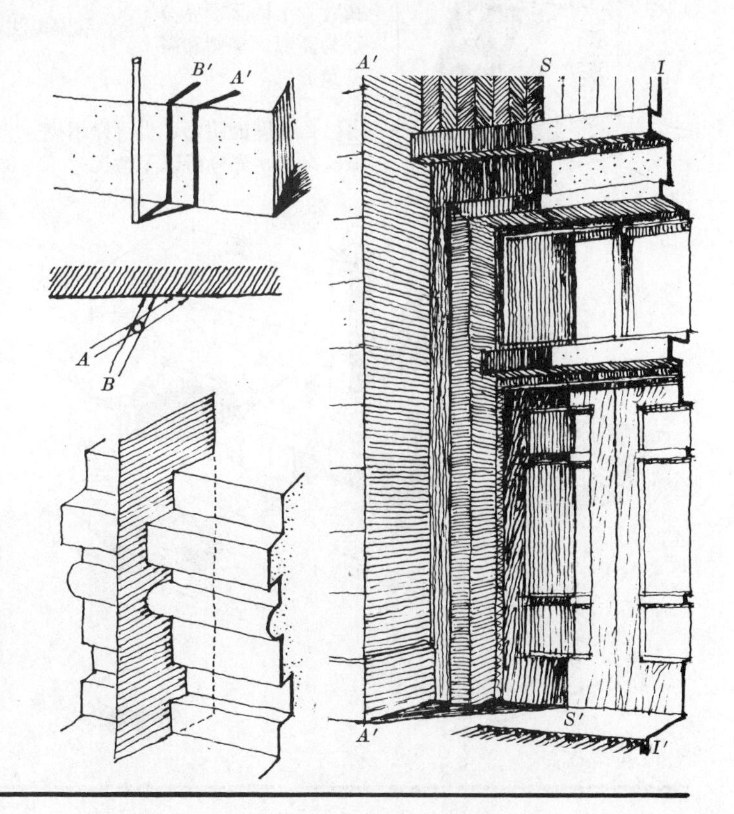

**4** 用模拟法画透视阴影：这种方法是首先分析方、圆、三角形等基本几何形状在不同情况下投影于墙面上的规律；然后再把建筑上的构件对应地分解成为几何形状，按相似条件，分别模拟前者而画出阴影。

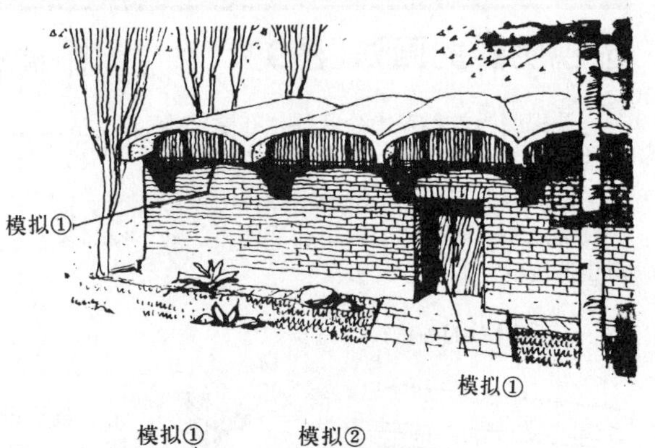


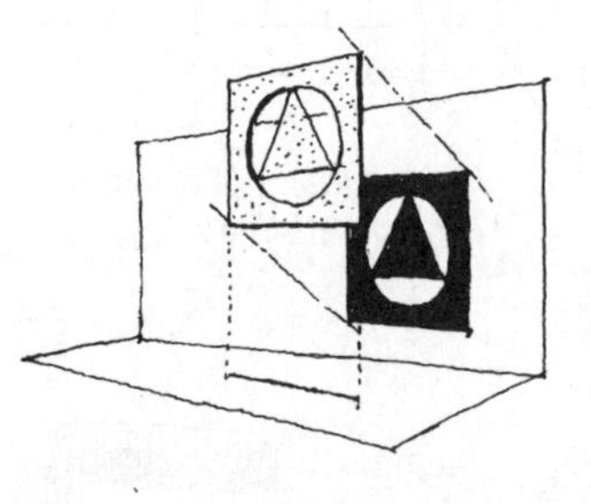

①平行于背景的正方形、圆、三角形，在背景上的落影仍为正方形、圆和三角形。

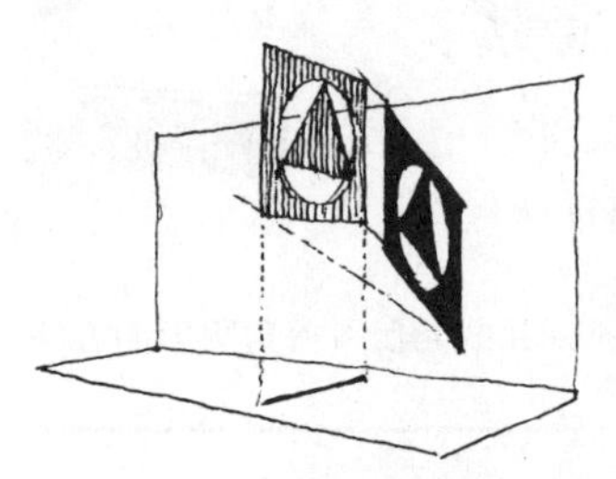

②纵向垂直于背景的正方形、圆、三角形，在背景上的落影分别为菱形、椭圆和斜三角形。

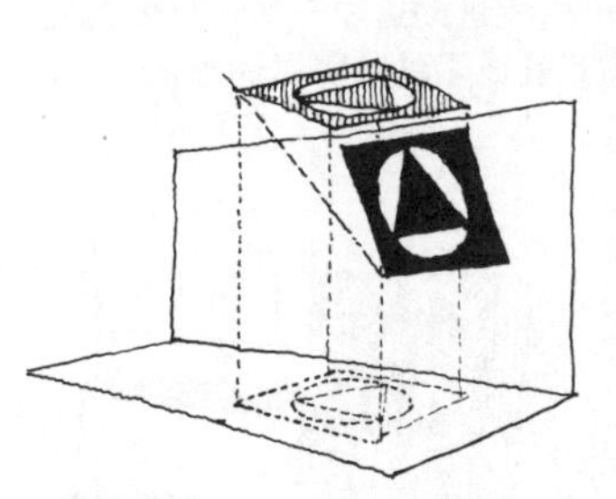

③横向垂直于背景的正方形、圆、三角形，在背景上的落影亦分别为菱形、椭圆和斜三角形。

④用模拟法画阴影的运用

**5** 鸟瞰图的阴影，也可以用模拟法来画，先分析以下情况：

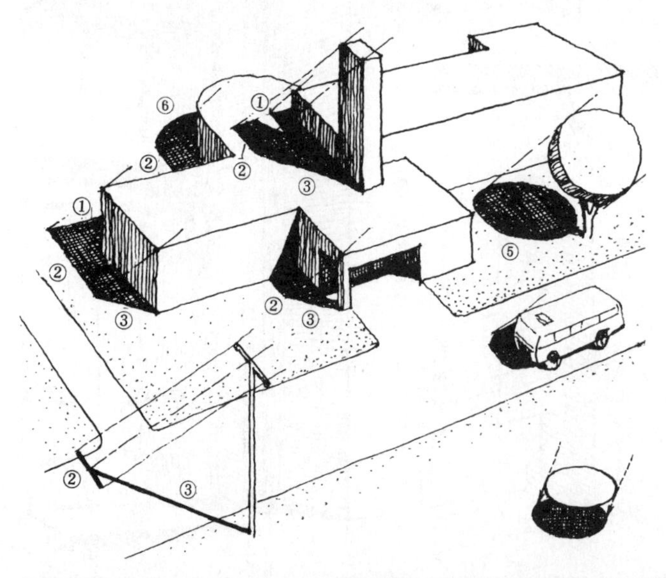


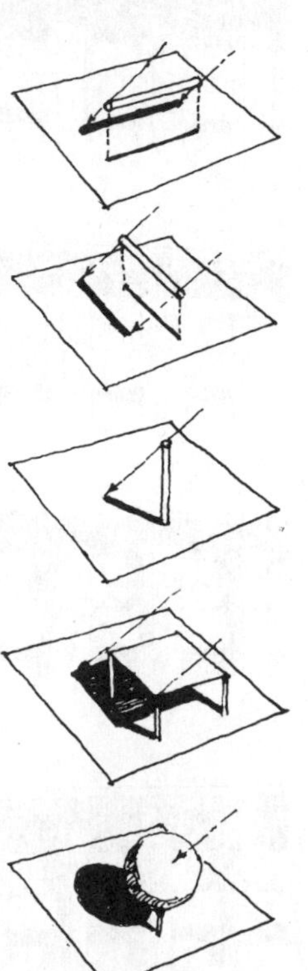

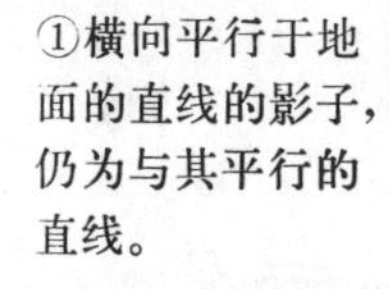

①横向平行于地面的直线的影子，仍为与其平行的直线。

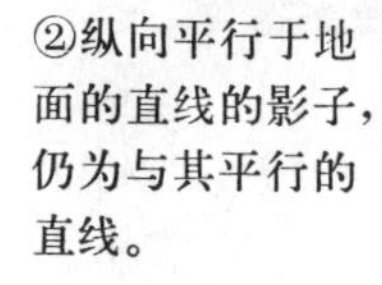

②纵向平行于地面的直线的影子，仍为与其平行的直线。

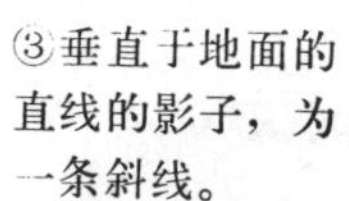

③垂直于地面的直线的影子，为一条斜线。

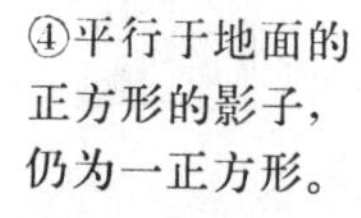

④平行于地面的正方形的影子，仍为一正方形。

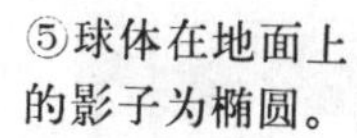

⑤球体在地面上的影子为椭圆。

⑥圆在地面上的影子仍为圆。

**6** 台阶、踏步阴影的画法：所谓台阶的阴影，就是指台阶边墙（或栏杆）在踏步上的落影。台阶边墙有两种形式：一种是平的；另一种是斜的。前者如①所示：只要我们找出Ⓐ之影Ⓐ′与Ⓑ之影Ⓑ′，则Ⓐ′与Ⓑ′所围的部分即是所求的影子。后一种情况如图②所示：只要找出Ⓒ之影Ⓒ′，即可确定边墙在踏步上的影子。

台阶阴影实际应用例举之一

①平的边墙在踏步上落影的画法

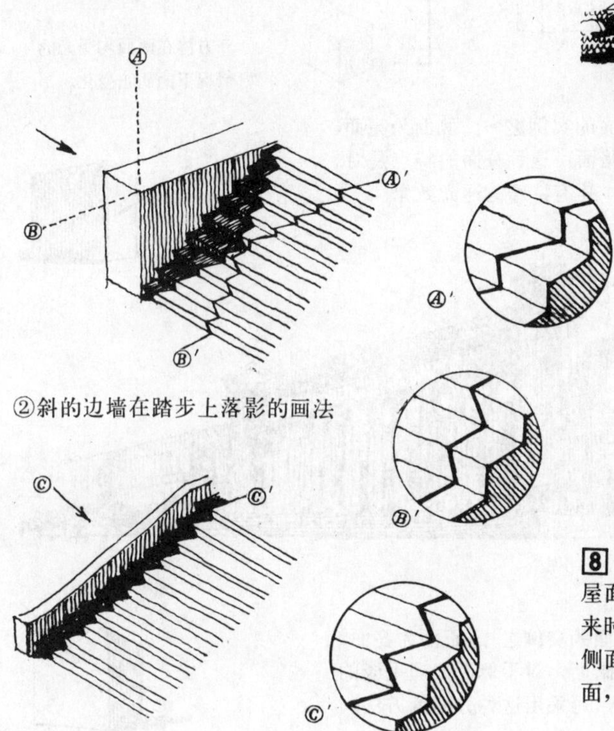


②斜的边墙在踏步上落影的画法

台阶阴影实际应用例举之二

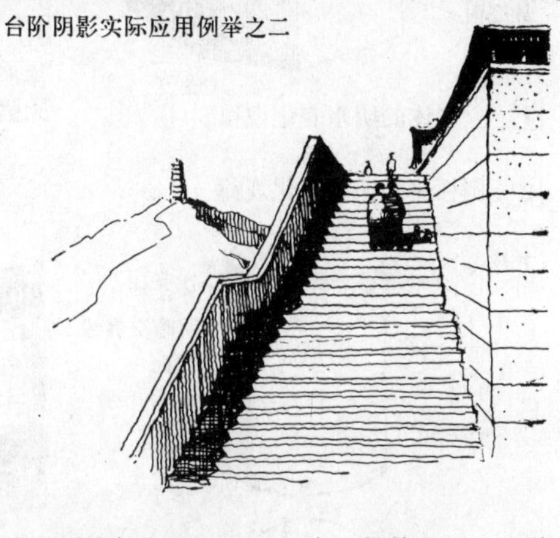

**8** 两坡屋面檐部阴影的画法：在一般情况下，这种屋面在正、侧两面的出檐长度是相等的。当光线$A$照来时，檐角的落影在正面上，这时正面上的影子宽，侧面上的影子窄；当光线$B$照来时，檐角的落影在侧面，这时正面的影子窄，侧面的影子宽。

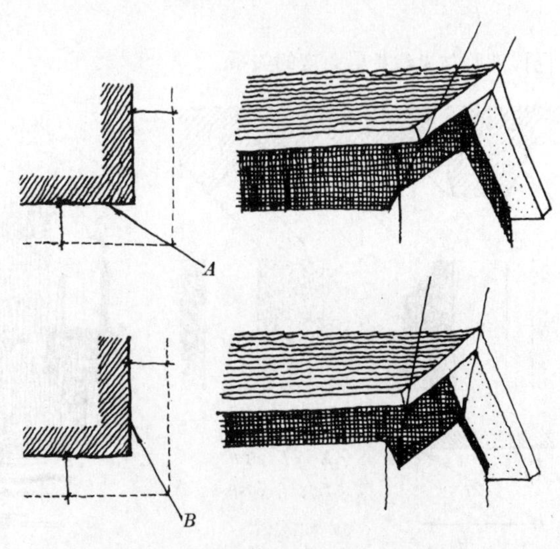


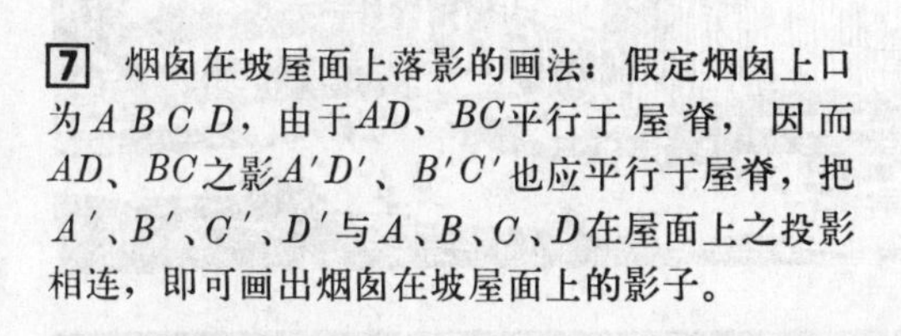

**7** 烟囱在坡屋面上落影的画法：假定烟囱上口为$ABCD$，由于$AD$、$BC$平行于屋脊，因而$AD$、$BC$之影$A'D'$、$B'C'$也应平行于屋脊，把$A'$、$B'$、$C'$、$D'$与$A$、$B$、$C$、$D$在屋面上之投影相连，即可画出烟囱在坡屋面上的影子。

## 透视图中的分面[图10]

在建筑绘画中，除了利用光影来表现建筑物的体形变化外，还要正确地区分出因受光情况不同而产生的最亮面、次亮面、暗面。这样，才能更加充分地表现出建筑物的体面转折和空间关系。

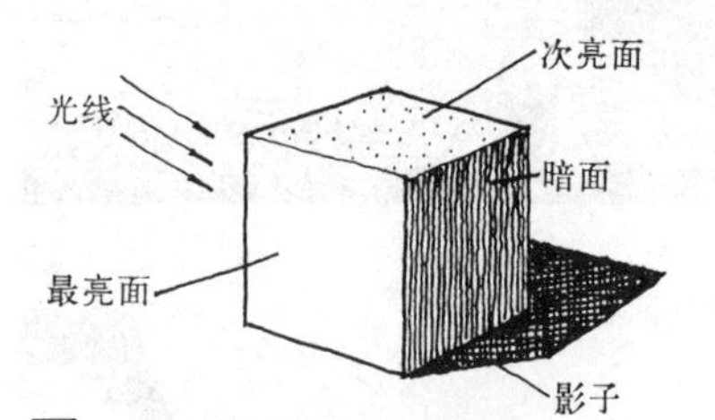


1 立方体的明暗变化规律

2 圆柱体的明暗变化规律

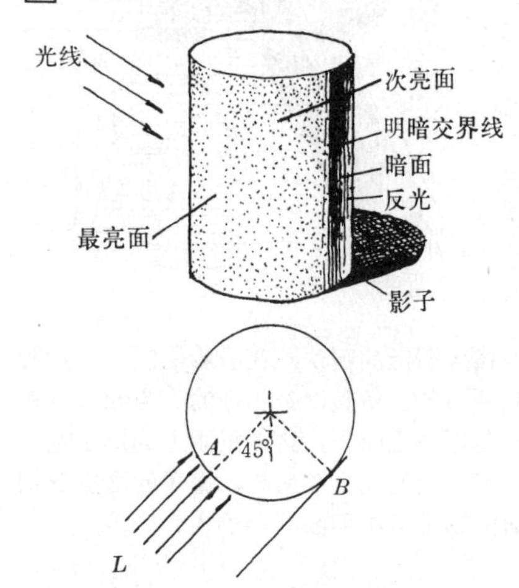


3 明暗与光线投射角度的关系

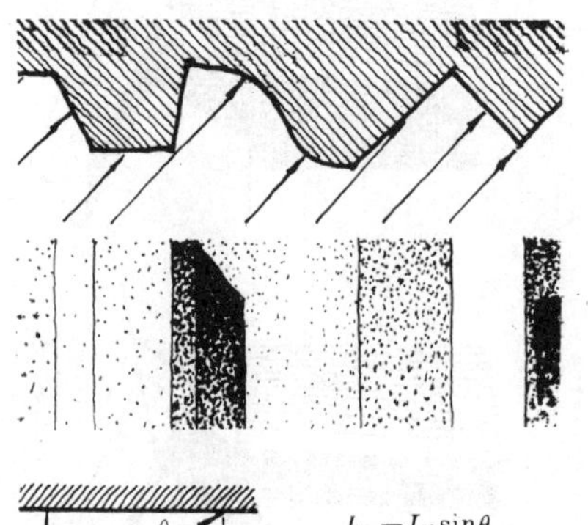

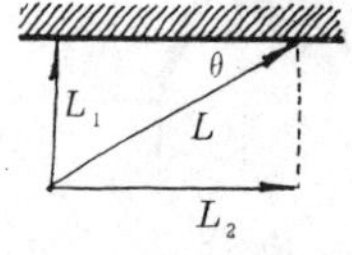


$L_1 = L \cdot \sin\theta$

$L_2 = L \cdot \cos\theta$

4 以立方体代表建筑物，来分析在不同光线照射下，建筑体形的几种不同分面情况。

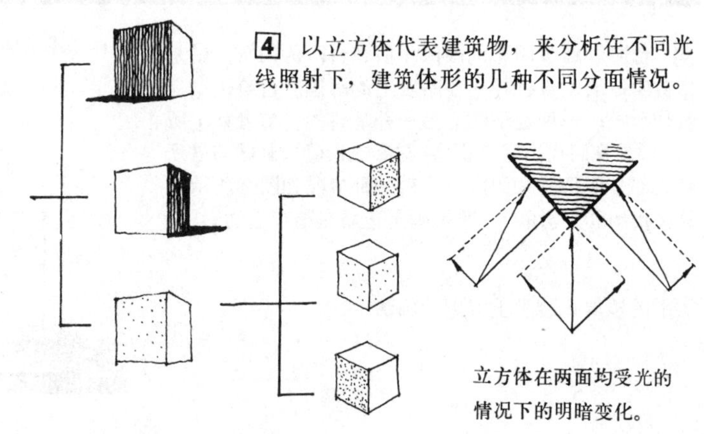

立方体在两面均受光的情况下的明暗变化。

5 分面的实例之一：侧面为亮面，正面为暗面，这种分面的特点是对比强烈，具有特殊的逆光效果。

6 分面的实例之二：正面为亮面，侧面为暗面，对于侧面处理平淡的建筑物，可采用这种分面的方法。

**7** 分面的实例之三：正侧两面均受光，但迎光的一面最亮，侧光的一面次之，这是最常用的一种分面方法。

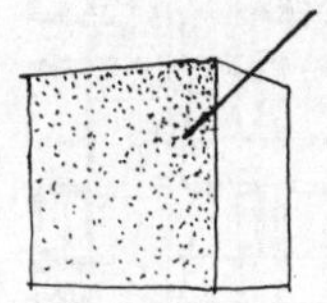

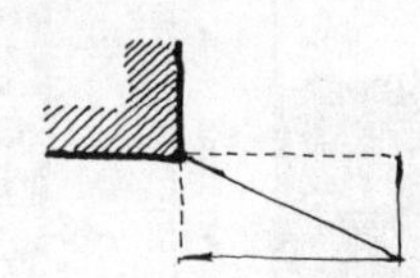

**8** 分面的实例之四：既有最亮面，又有次亮面，还有暗面及影子，层次变化比较丰富。

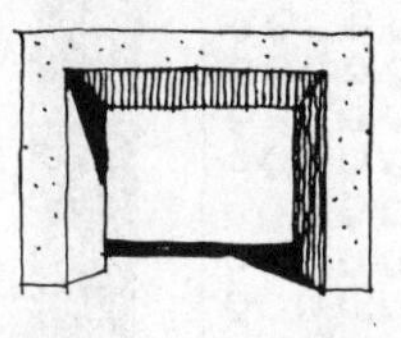

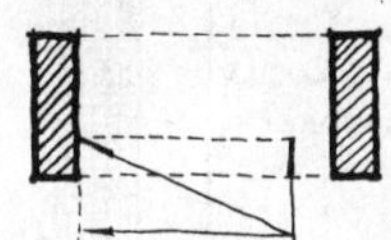

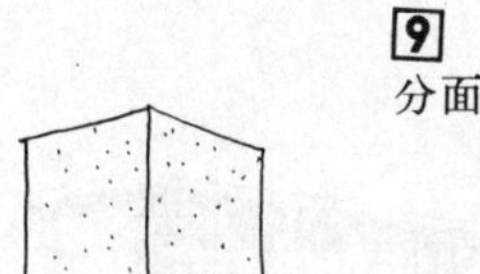

**9** 分面的实例之五：正侧两面受光均等，分面不明确，效果不好，应避免使用。

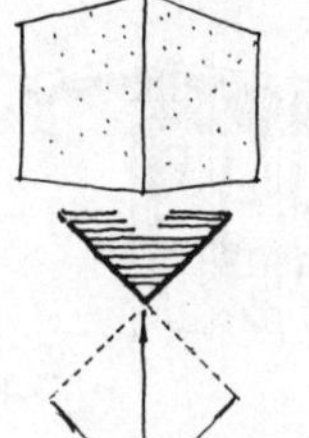

**2** 高光的实际应用例举

## 高光的画法[图11]

高光是受光最充分的地方，因而最亮，高光的面积虽然很小，但在画面上却起着重要的作用，在建筑绘画中是一个不容忽视的因素。

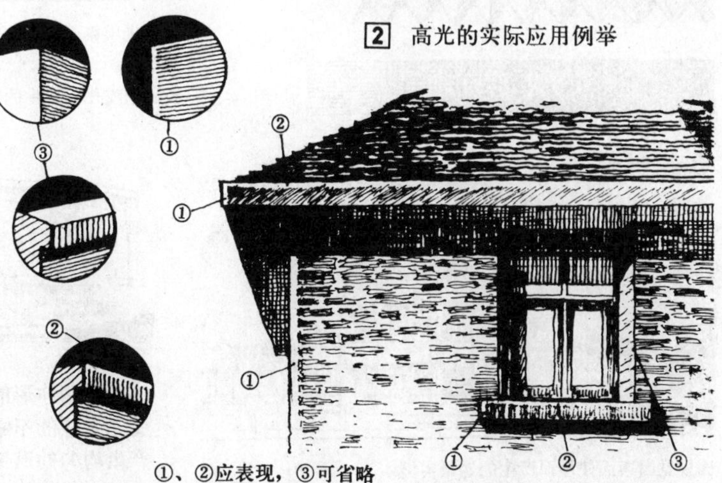


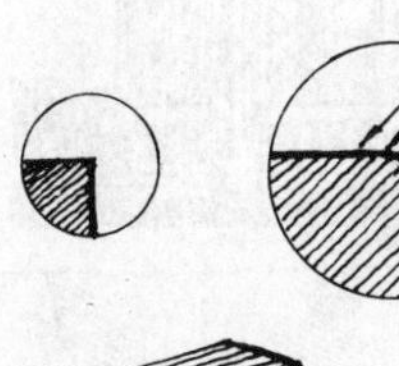

**1** 高光的形成

①、②应表现，③可省略

## 透视中的退晕[图12]

退晕是一种更加细微的明暗变化，如不细心地观察，就可能被忽略。但它是取得光感和空气感的重要手段，对于深刻地表现建筑形象起着重要的作用。

1 退晕的光学原理

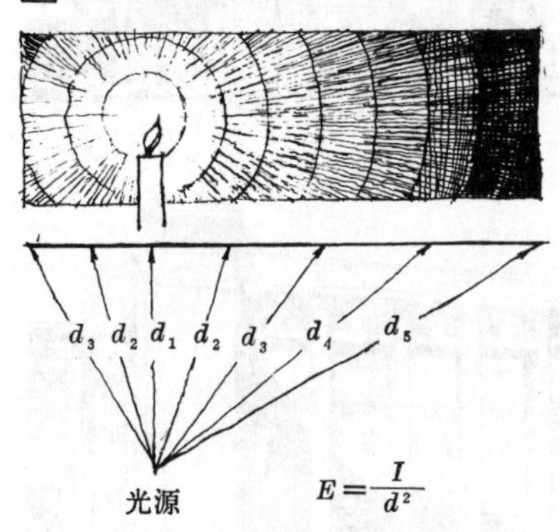


$E$为照度　　$I$为光强　　$d$为距离

4 还有一种因视角因素而产生的退晕，就是各种瓦屋面的退晕。如下图所示，我们可以把瓦屋面设想成为折面来分析。

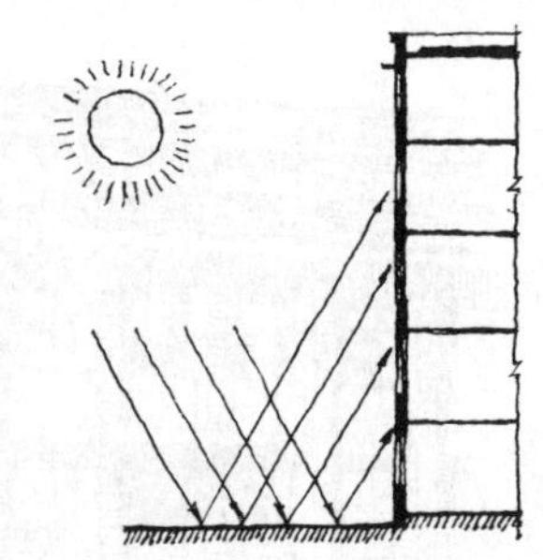

2 因地面的反光作用而使建筑物产生上暗下亮的均匀的退晕现象。

3 因视觉因素而使建筑物产生上暗下亮的均匀的退晕现象。

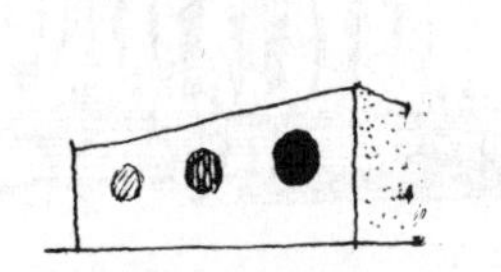

5 因透视因素而产生的近深远浅的均匀的退晕现象。

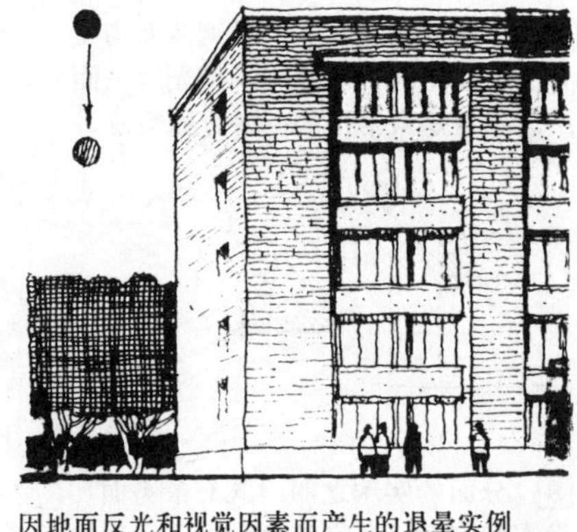

因地面反光和视觉因素而产生的退晕实例

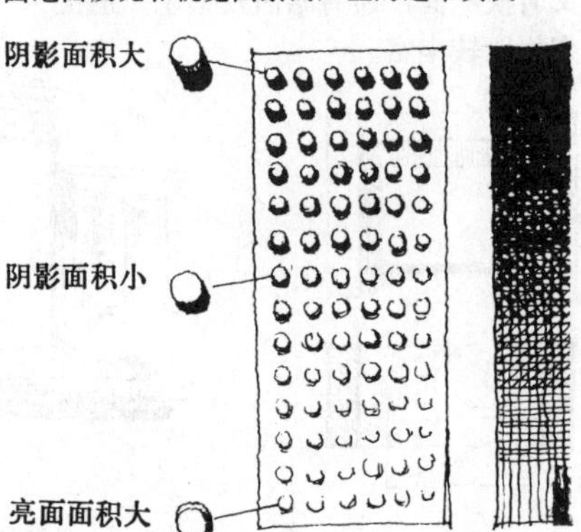


因透视因素而产生的退晕实例

因体形变化而产生的退晕实例

6 特殊体形的建筑物，因受光条件的不断改变，也会产生均匀的退晕现象。

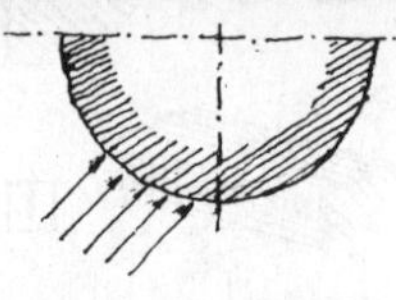

因视觉因素而使屋面产生的退晕实例

7 对于一般的建筑物，在考虑到上述诸因素的影响后，通常都是从距我们最近的檐角处开始，分别向下、向左、向右等三个方向作自深至浅的退晕，以便同时取得光感和空气感。

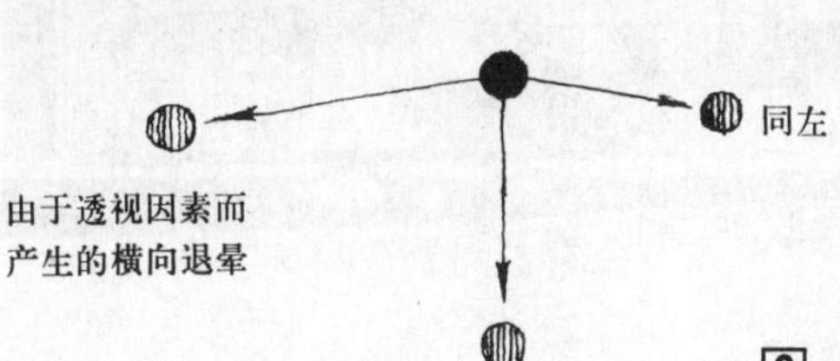

8 在特殊的情况下，也可能产生下暗上亮的退晕变化，这是因为透视因素的影响大于地面反光的影响。例如高层建筑就是这样。

## 阴影部分的退晕[图13]

阴影部分受反光的影响很大，其退晕现象十分显著。如果忽视了这种退晕，将会影响到绘画的效果。

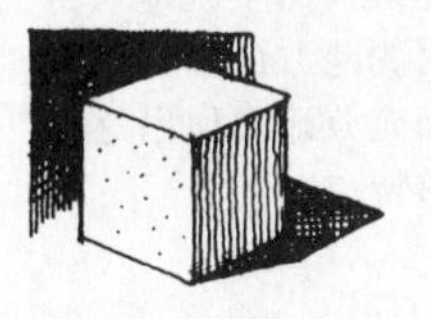

1 阴和影的明暗比较及变化

2 因顶棚反光而使檐部影子产生退晕

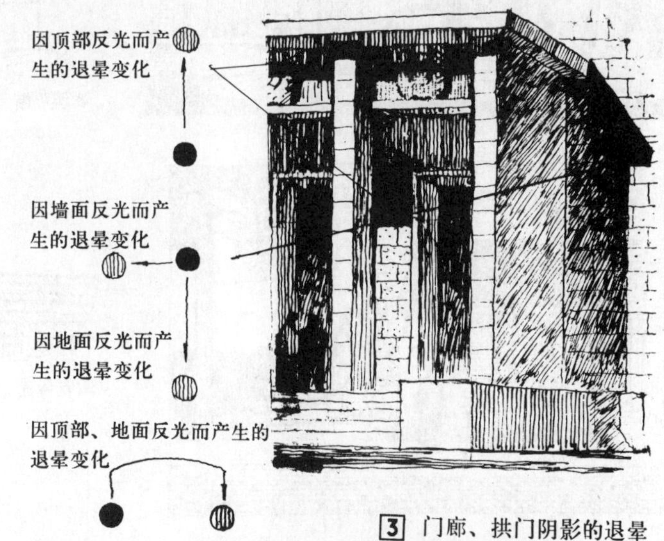

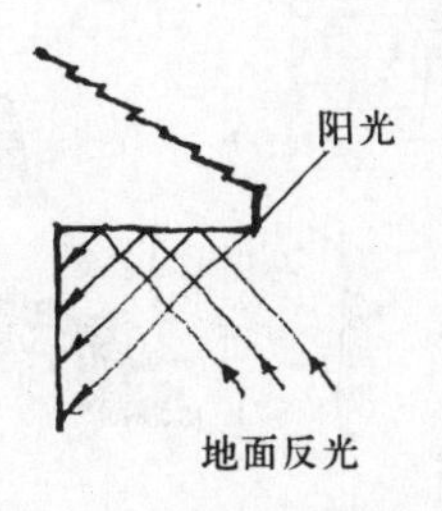


3 门廊、拱门阴影的退晕

## 关于质感的表现[图14]

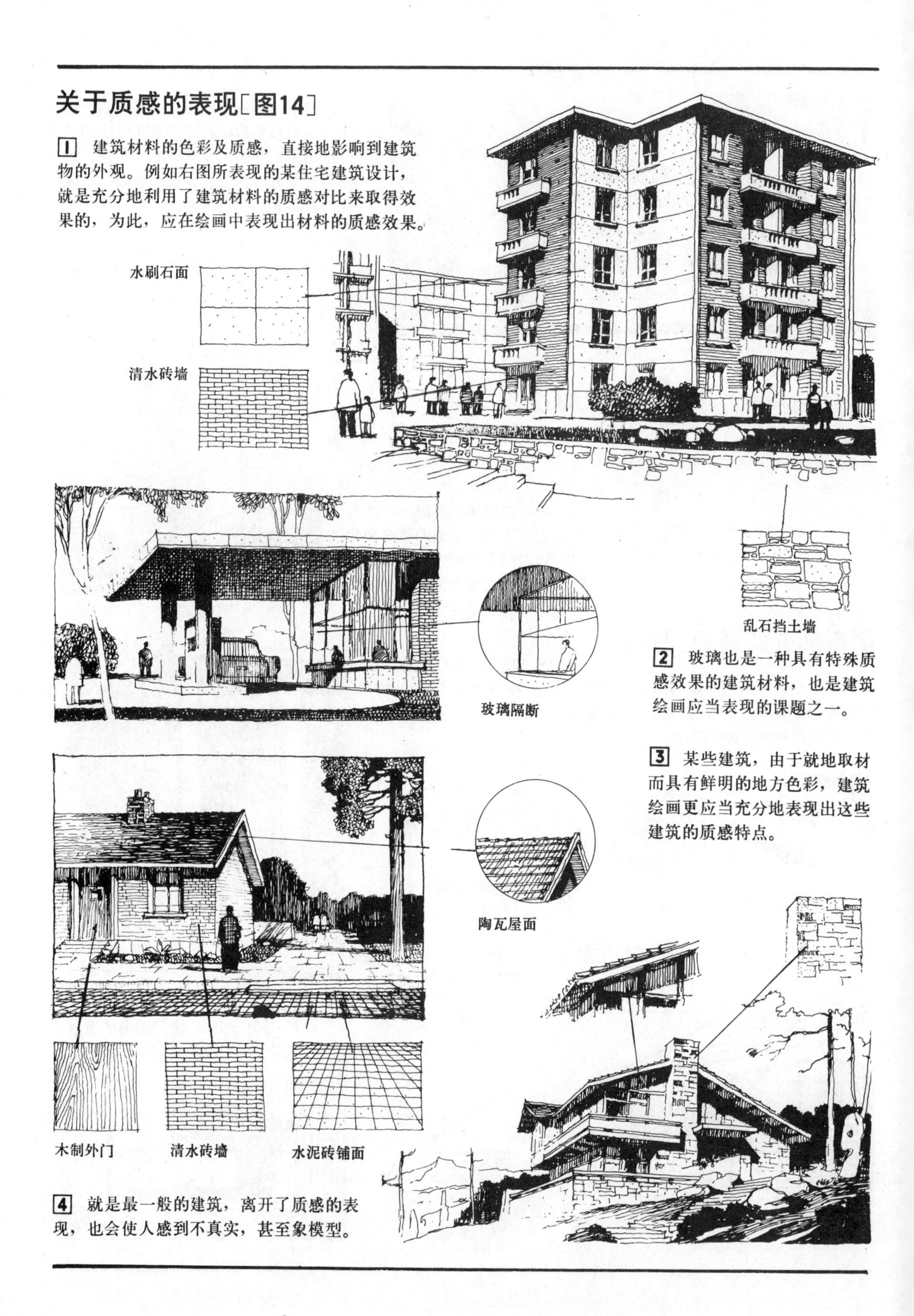

1 建筑材料的色彩及质感，直接地影响到建筑物的外观。例如右图所表现的某住宅建筑设计，就是充分地利用了建筑材料的质感对比来取得效果的，为此，应在绘画中表现出材料的质感效果。
水刷石面
清水砖墙
乱石挡土墙
玻璃隔断
2 玻璃也是一种具有特殊质感效果的建筑材料，也是建筑绘画应当表现的课题之一。
3 某些建筑，由于就地取材而具有鲜明的地方色彩，建筑绘画更应当充分地表现出这些建筑的质感特点。
陶瓦屋面
木制外门
清水砖墙
水泥砖铺面
4 就是最一般的建筑，离开了质感的表现，也会使人感到不真实，甚至象模型。

## 重心、焦点与虚实[图15]

**1** 人的视野，犹如一个扁圆的锥体，靠近中心部分看得最清晰，愈靠外愈模糊。由于这个道理，当我们看建筑物时，眼睛所正对着的地方看得最清晰，对比也最强烈。这在建筑绘画中称之为焦点，而焦点正是整个画面的重心。

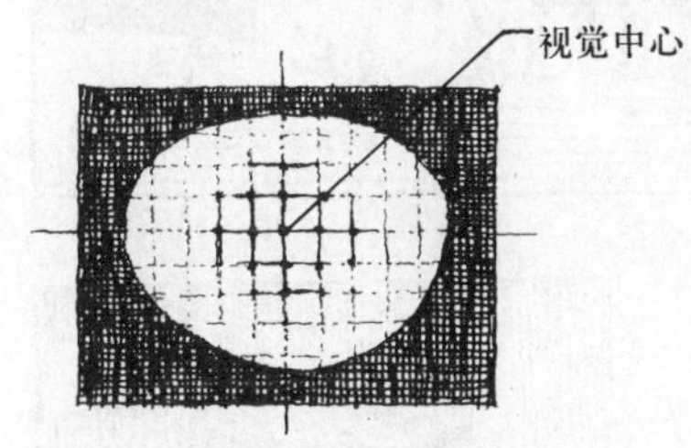

焦点位于碑头的例举

焦点位于碑座的例举

焦点位于画面左端的例举

焦点位于画面右端的例举

**2** 人的眼睛如同照相机一样，当你注视着某个距离的对象时，该对象显得特别清晰，而近处和远处的东西则比较模糊。

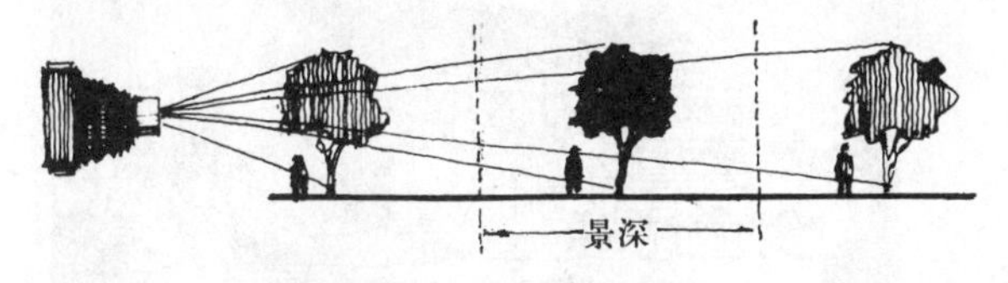


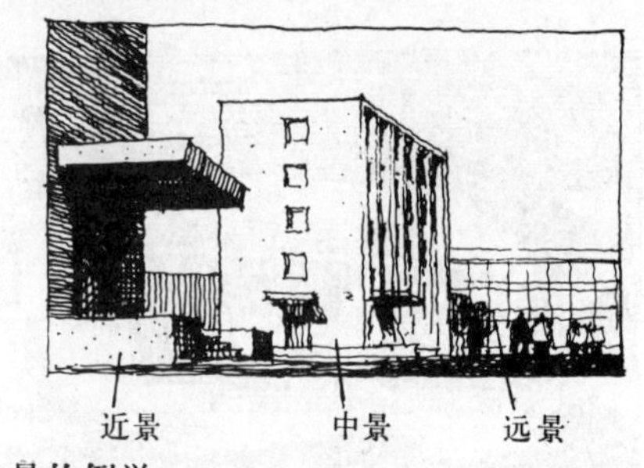

焦点位于近景的例举

焦点位于中景的例举

## 调子的选择及衬托[图16]

1 按照以深托浅和以浅衬深的原则，浅色的建筑物最好采用深色的背景；深色的建筑物最好采用浅色的背景；对于部分深、部分浅的建筑物，可以考虑使用中间色调——灰色调来衬托。另外，还可以考虑利用树、云、山等配景来衬托建筑物的轮廓。

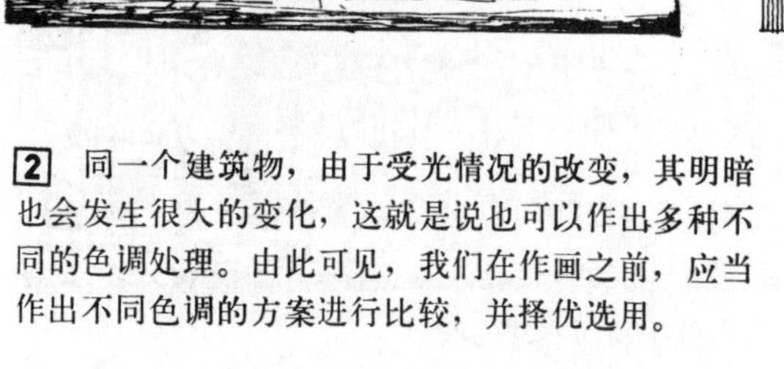

2 同一个建筑物，由于受光情况的改变，其明暗也会发生很大的变化，这就是说也可以作出多种不同的色调处理。由此可见，我们在作画之前，应当作出不同色调的方案进行比较，并择优选用。

# 配景的设计[图17]

建筑绘画所描绘的都是处于真实环境中的建筑物，因而除了表现建筑外，还要表现建筑物所处的环境。如果对配景表现得不够，就会使建筑物孤立于画面之上。反之，如果过多地表现了配景，则将喧宾夺主，使建筑物得不到应有的突出。

**1** 配景可能涉及到的内容

①山石

②花池

**2** 配景应与建筑物的功能性质相一致

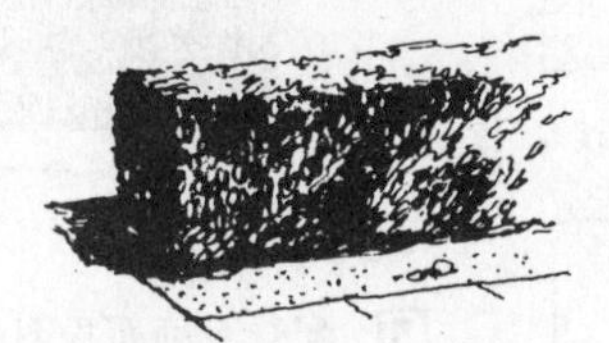

③冬青

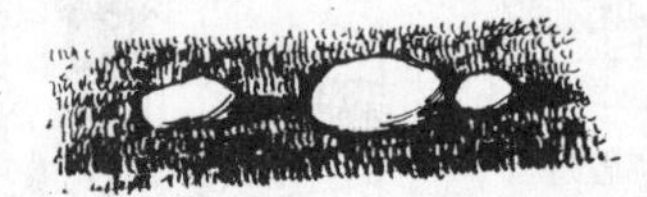

④草地

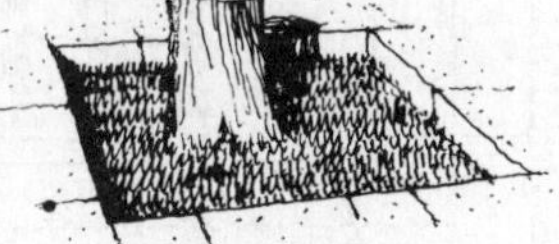

⑤树眼

⑥灌木

**3** 配景应能衬托建筑物的外轮廓

[4] 配景设计要尊重原来的地形、地貌，要真实地表现邻近的地形、山势、河湖等自然面貌。

## 画面的构图问题[图18]

[1] 写生画的取景比较示意

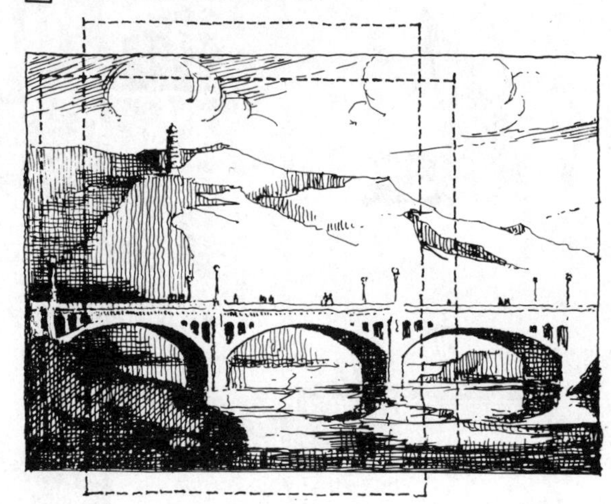

[2] 建筑物在画面中所占的大小及位置比较

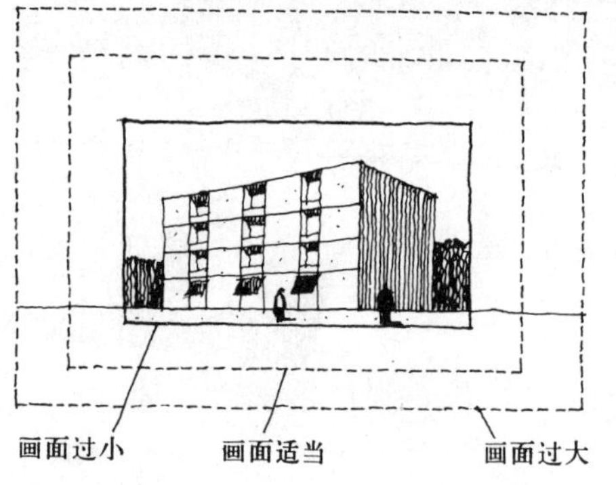


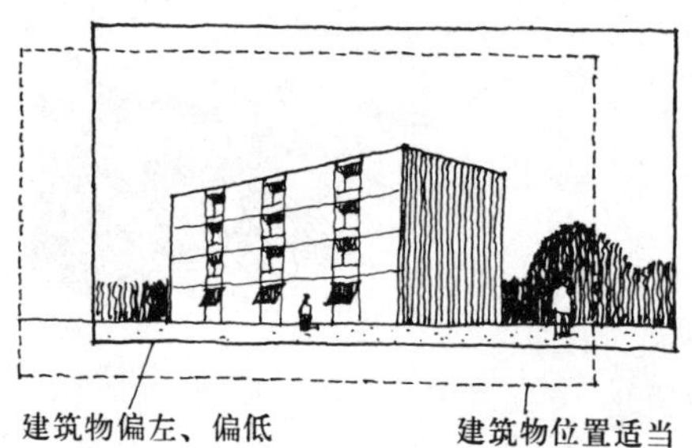


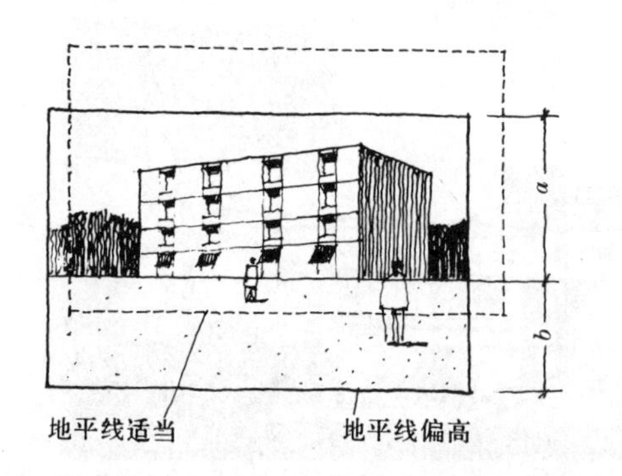


[3] 配景对画面构图的影响

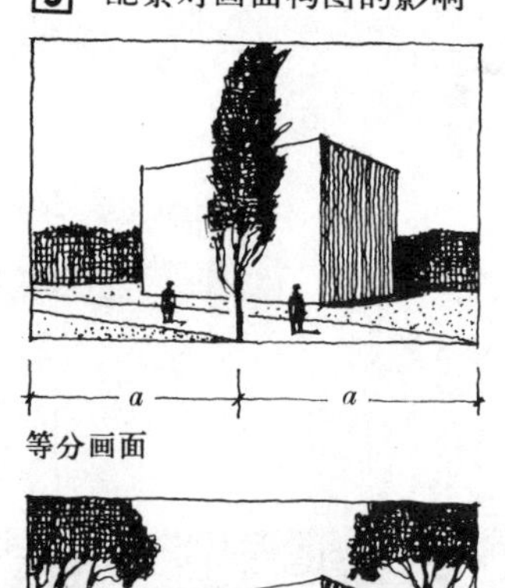


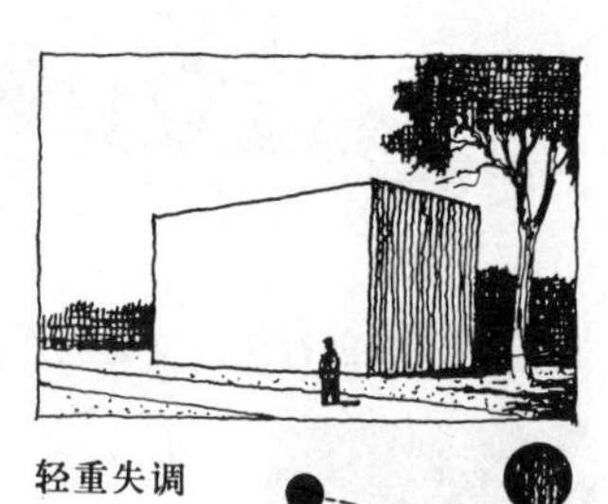

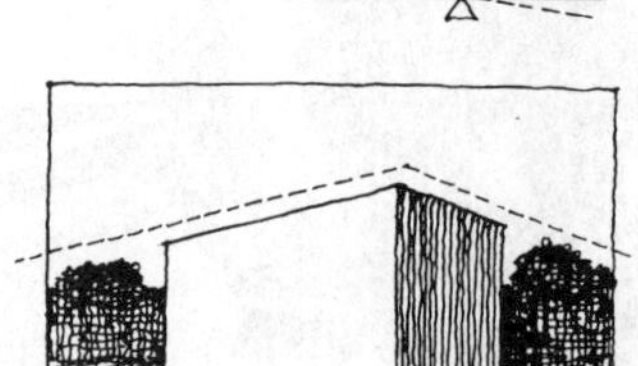

## 画树的问题[图19]

在配景当中，树木绿化和建筑物的关系最密切，并成为建筑物的主要陪衬。我们在表现建筑物的同时，不可避免地要把树木绿化也一起纳入到画面中去。

1 树的枝、干结构可以归纳成以上几种类型：即支干呈辐射状态汇集于主干者；沿主干相对出杈者；树干、树枝逐渐分杈者；枝、干相切出杈者。

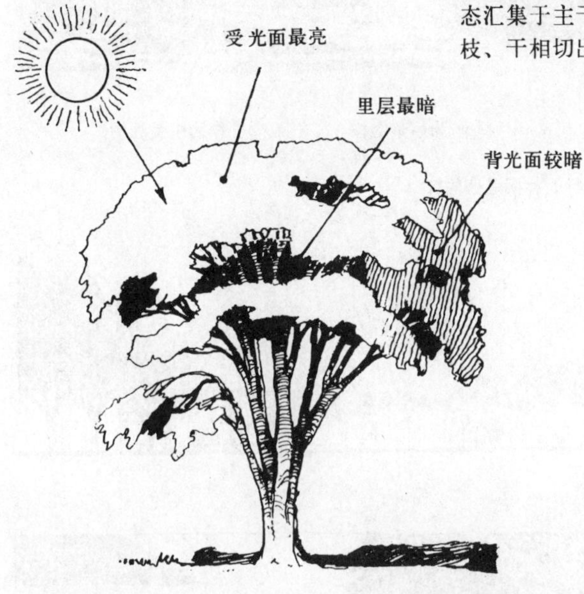


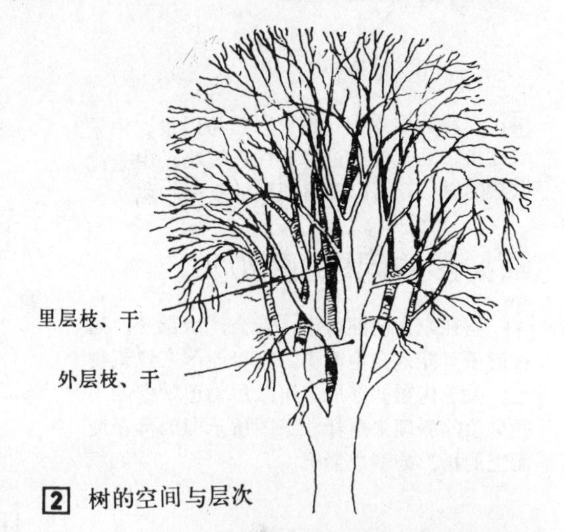


2 树的空间与层次

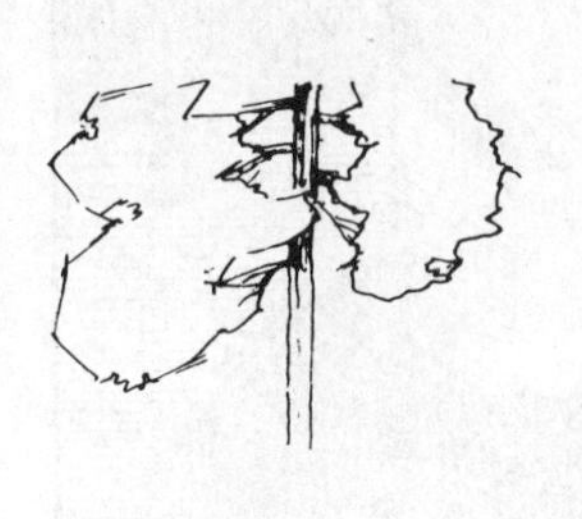

3 树是有体积感的，树的体积感就是由茂密的树叶所形成的。在光线的照射下，迎光的一面最亮，背光的一面则比较暗，至于里层的枝叶，由于处于阴影之中，所以最暗。

光线从右方照来

光线从左方照来

**4** 在建筑绘画中，树可以作为远景、中景或近景。远景的树可以衬托建筑物；中景或近景的树，则可以丰富画面的空间和层次。

成行的林阴道旁的树

## 画树影的问题［图20］

**1** 树在阳光的照射下，就会产生影子。这种影子可能落在地面上，也可能落在建筑物上。关于树影的形成，可以用物理学中的小孔呈象的原理来解释。下图所示即为落在地面上的树影的形成情况。

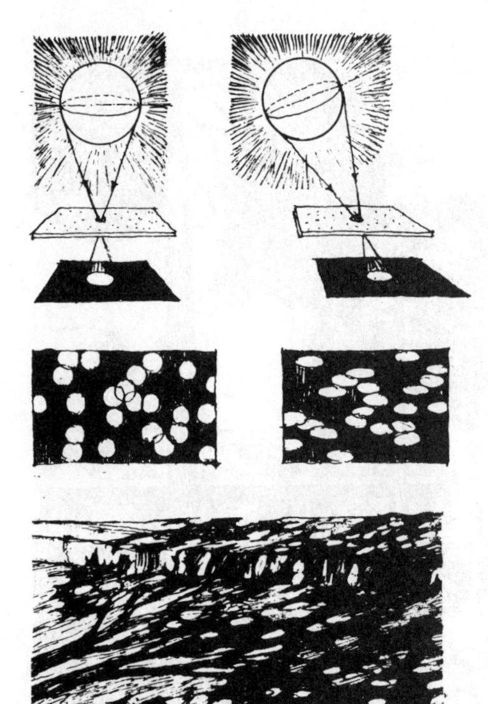

**2** 树影落于墙面上的情况

## 倒影的画法[图21]

临水的建筑物，还会在水中产生倒影。就是不临水的建筑物，也可能在光滑的地面上或洒过水的路面上产生倒影。倒影怎么画？下面按物理学的平面镜成象的原理来分析说明透视图倒影的画法。

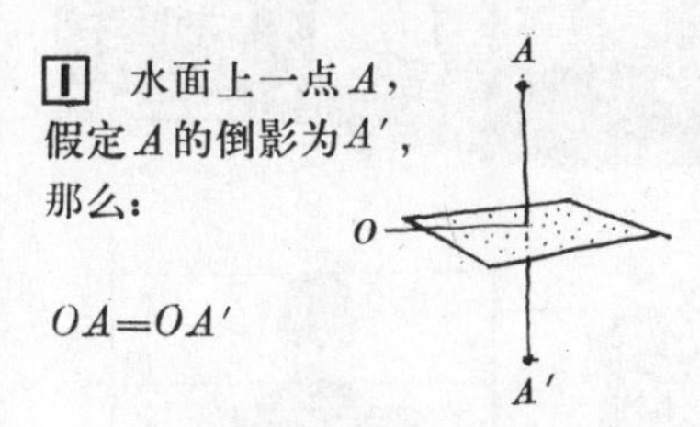


**1** 水面上一点 $A$，假定 $A$ 的倒影为 $A'$，那么：

$OA=OA'$

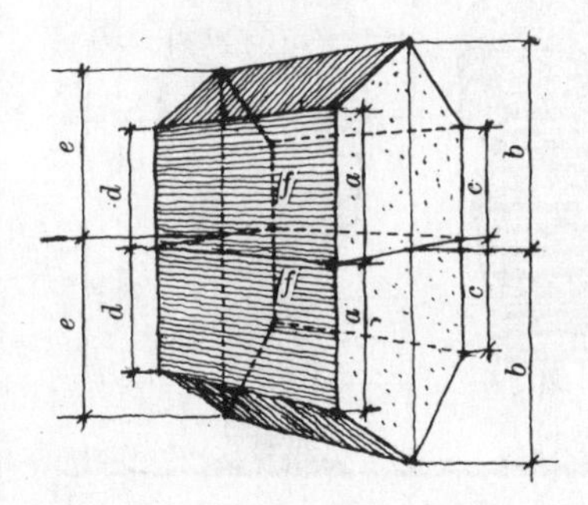


**2** 按以上基本原理，找出建筑物各主要点在水下相对应的点，连接各点，即为建筑物之倒影。

**4** 当有风的时候，水面有波纹，一部分水面反映物象；一部分水面反映天空，建筑物的水下倒影便只剩下一个大体轮廓了。

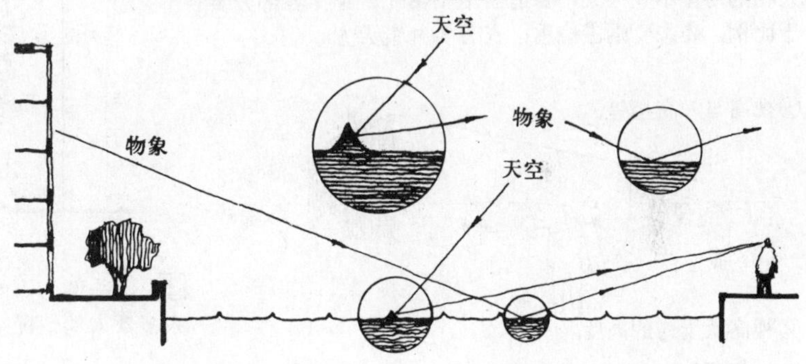


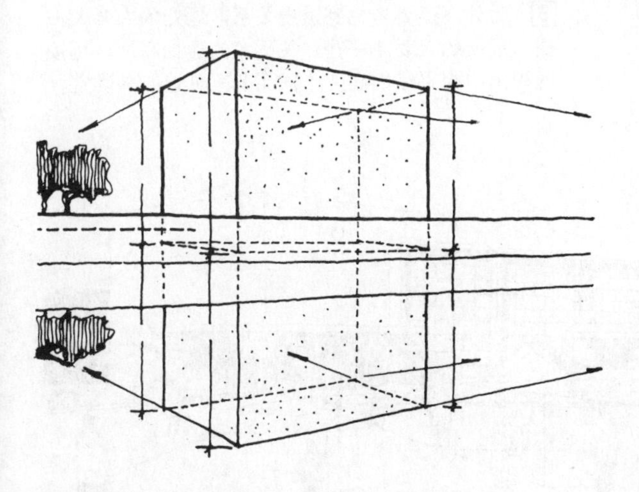

**3** 水下倒影的透视消失关系与建筑物一致

## 关于画人物的问题[图22]

**1** 在建筑表现图中，适当地画一些人物，可以借人物比例看出建筑物的尺度，同时也能使画面更加生动活泼。但人物的动作不宜太大；要适当地图案化；身体各部分要合于比例；姿态要端庄稳重；衣着要朴素大方。

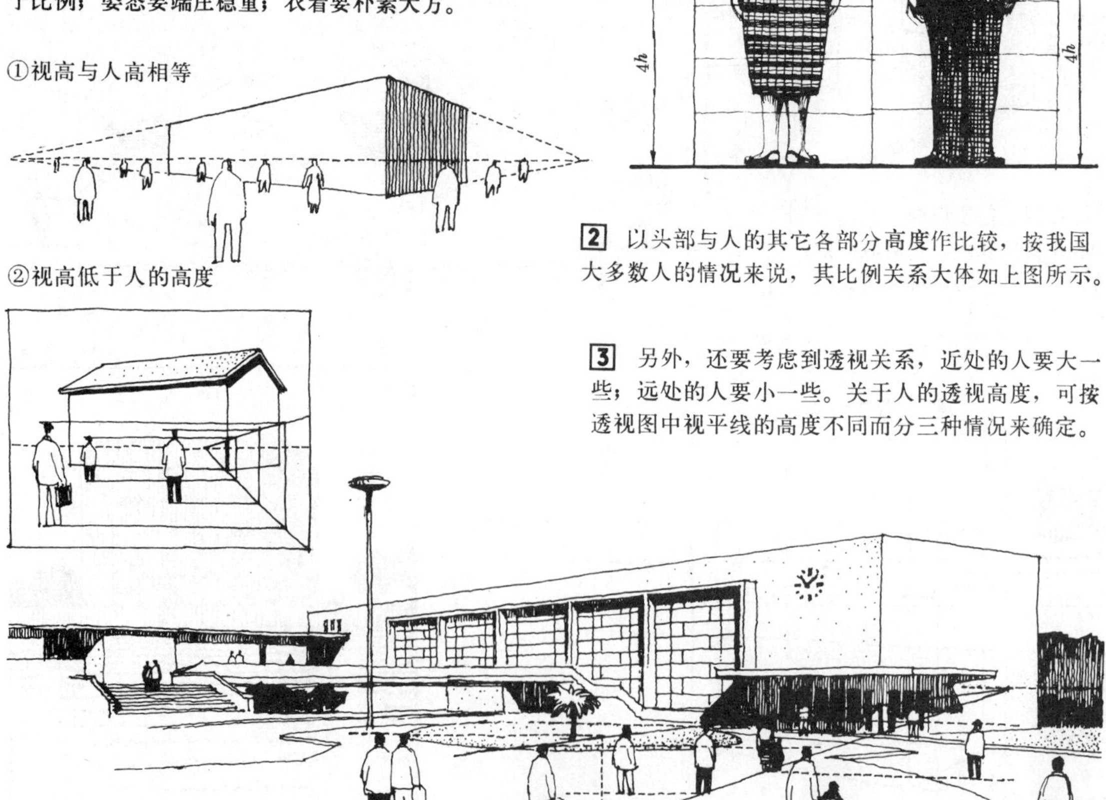


①视高与人高相等

②视高低于人的高度

③视高高于人的高度

**2** 以头部与人的其它各部分高度作比较，按我国大多数人的情况来说，其比例关系大体如上图所示。

**3** 另外，还要考虑到透视关系，近处的人要大一些；远处的人要小一些。关于人的透视高度，可按透视图中视平线的高度不同而分三种情况来确定。

## 画汽车的问题[图23]

1 汽车也是建筑绘画中的配景之一。无产阶级文化大革命以后，我国汽车工业有了很大发展，这一可喜现象在建筑表现图中应当得到充分的反映。现提供一些国产汽车样式作为画配景时参考。

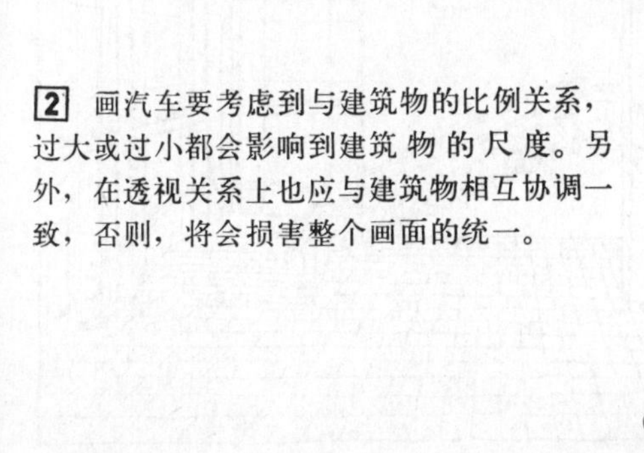

2 画汽车要考虑到与建筑物的比例关系，过大或过小都会影响到建筑物的尺度。另外，在透视关系上也应与建筑物相互协调一致，否则，将会损害整个画面的统一。

## 室内透视的角度选择[图24]

1 室内透视的角度选择通常有三种可能：①一点透视；②和一点透视相似，但稍有不同，即有一组平行线消失于很远的地方；③两点透视。

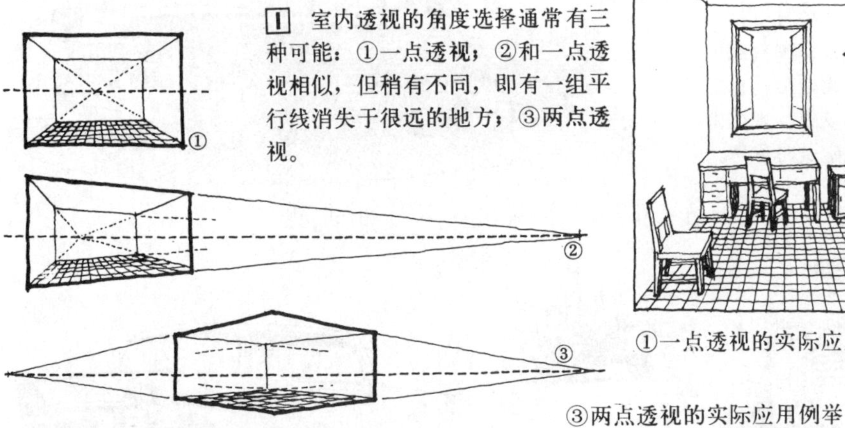

①一点透视的实际应用例举

②第二种情况的实际应用例举

③两点透视的实际应用例举

②视点假定较高的室内透视例举

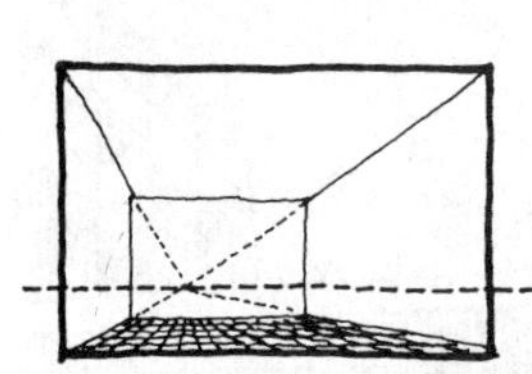

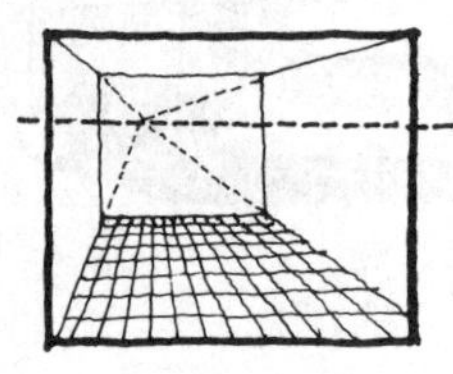

2 视点高度可以假定得低一些，也可以高一些。

①视点假定较低的室内透视例举

3 在特殊情况下，室内透视可不强求所有平行线透视必须绝对地消失于一点。

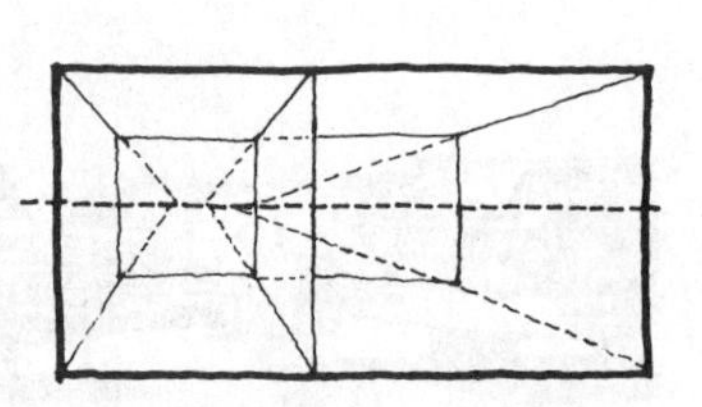

## 室内透视的明暗［图25］

1 直射的阳光可以在室内的墙上、地面上，乃至陈设上投下明确的阴影。这种阴影由于室内反光的作用，往往有明显的退晕。另外，临窗一面的墙或柱还因眩光的作用而特别暗。

侧墙（上）
外墙（中左）
顶部（中右）
透视（下）

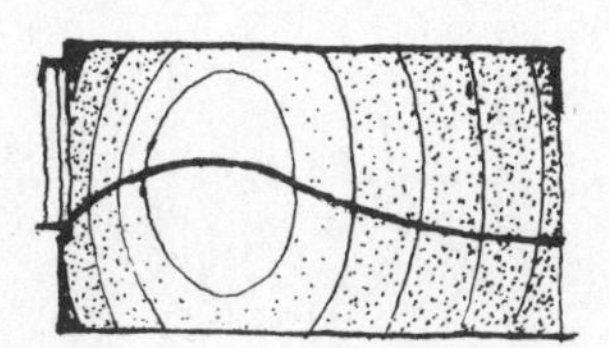

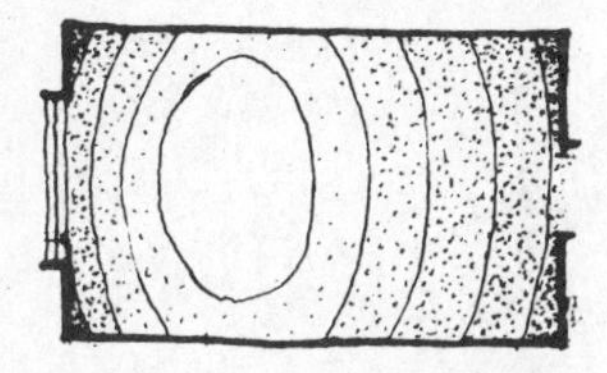

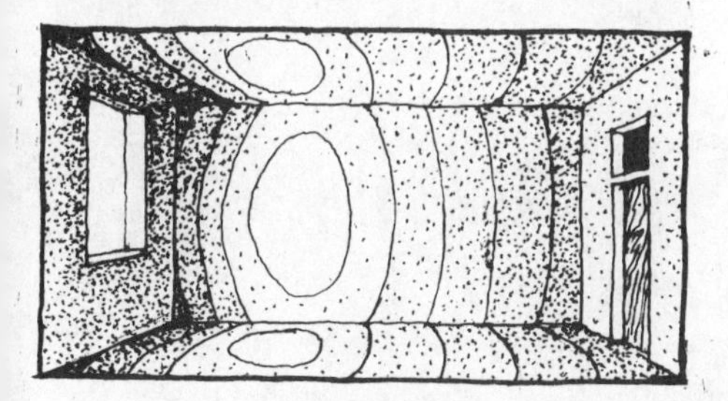

2 左图以长方形的居室为例，在漫光的作用下，靠窗的一面由于处于背光地位，加之眩光的作用，墙面最暗。离窗最远的墙面，由于迎着光反而较亮。侧墙、顶棚、地面这三者的明暗变化大体相同，其最亮的地方约在离窗1/3的地方，然后逐渐变暗。

3 由于室内光影明暗的变化比较复杂，因而给画室内透视带来了一定的困难。近年来通常运用这样一种表现室内透视的方法：即主要通过线条来表现轮廓，而回避光影明暗方面的问题，再辅之以淡色平涂来反映材料的色彩及质感。

汉白玉墙面　深色地面　里层空间　地毯

## 色彩的基本知识［图 26］

1 色彩的来源：在阳光照射下，物体会呈现出不同的色彩。实验证明：使白色的阳光透过三棱镜后，就会分解成为一条由红、橙、黄、绿、蓝、紫等颜色组成的光谱。由此可见，白色的阳光中包含着上述的各种色光。

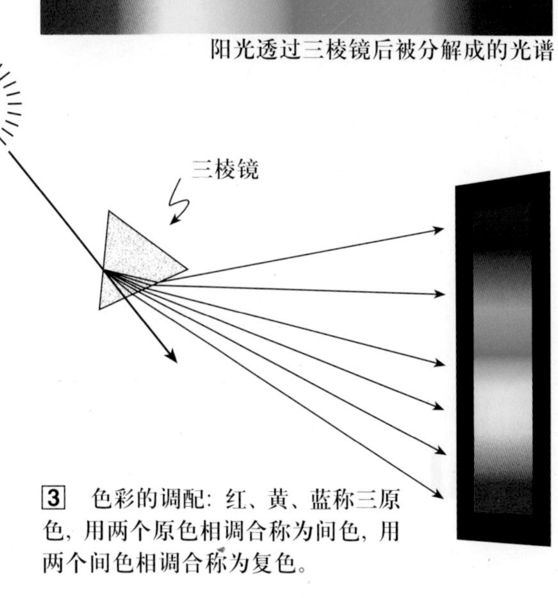

2 色彩三要素：色相、明度、纯度三者称为色彩三要素。色相是指各种颜色之间的差别；明度是指明暗的差别，每一种颜色都有它自身的明暗差别。另外，不同的颜色其明度也不同。纯度是指颜色的饱和程度。

3 色彩的调配：红、黄、蓝称三原色，用两个原色相调合称为间色，用两个间色相调合称为复色。

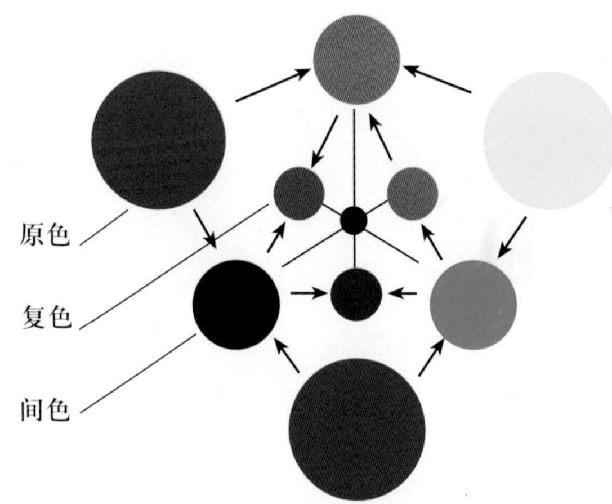


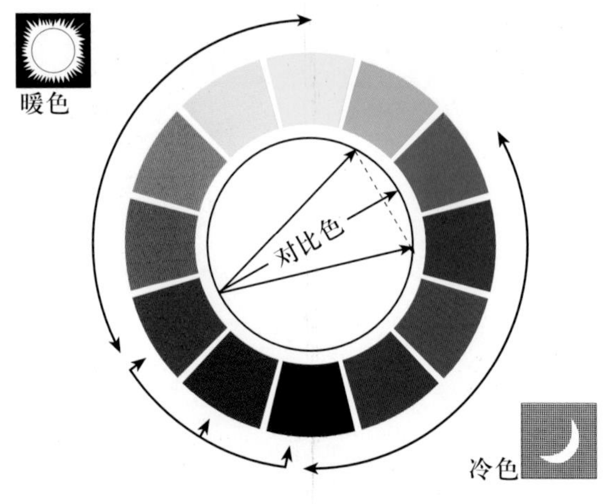


4 色彩的冷暖、对比与调和：橙、红、黄为暖色，绿、蓝、紫为冷色。在上图中处于相对位置的色彩，互为补色，由于它们之间没有共同的因素，所以可以起到对比的作用，因而又称对比色。而邻近的色彩，含有较多的共同因素，故为调和色。

5 固有色、光源色、环境色：物体本身的颜色称固有色。光源的色彩称光源色。周围环境的色彩称环境色。这三者是同时存在和互相影响的。

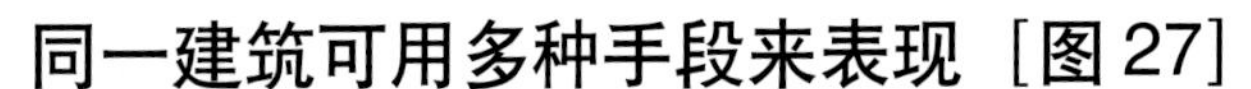

# 同一建筑可用多种手段来表现［图 27］

## ——建筑绘画的技法

1 建筑绘画的种类很多，比较基本的是：①用铅笔表现建筑；②用钢笔表现建筑；③用水彩表现建筑；④用水粉表现建筑。另外，还有水墨渲染，但现已很少使用。

①用铅笔表现建筑的实例

②用钢笔表现建筑的实例

③用水彩表现建筑的实例

④用水粉表现建筑的实例

①用炭铅笔表现建筑的实例

②用彩色铅笔表现建筑的实例

③用铅笔淡彩表现建筑的实例

④用钢笔淡彩表现建筑的实例

2 除了上述几种基本方法外，还可以派生出一些其它方法：①用炭铅笔表现建筑；②用彩色铅笔表现建筑；③用铅笔加淡彩表现建筑；④用钢笔加淡彩表现建筑。此外，还可以用塑料笔、彩色粉笔、中国画等来表现建筑。

# 实　　例

1. 扬州个园（铅笔）　　　钟训正　作

2. 无锡寄畅园（铅笔）　　钟训正　作

3. 苏州畅园（铅笔）　　钟训正　作

4. 苏州留园（铅笔） 钟训正 作

5. 苏州拙政园（铅笔）　　钟训正　作

6. 承德避暑山庄垂花门（铅笔）　　　钟训正　作

7. 某高层建筑设计方案（铅笔）　　钟训正　作

8. 南京云湖大厦设计方案（铅笔）　　钟训正　作

9. 某街心公园绿化管理站设计方案（铅笔）　　黄为隽　作

10. 某办公楼设计方案（铅笔）　　黄为隽　作

11. 某公园景点设计方案（铅笔）　　彭一刚　作

12. 某公园景点设计方案（钢笔草图）　彭一刚　作

13. 某公园景点设计方案（钢笔） 彭一刚 作

14. 某公园景点设计方案（钢笔草图）　　彭一刚　作

15. 某公园景点设计方案（钢笔）　　彭一刚　作

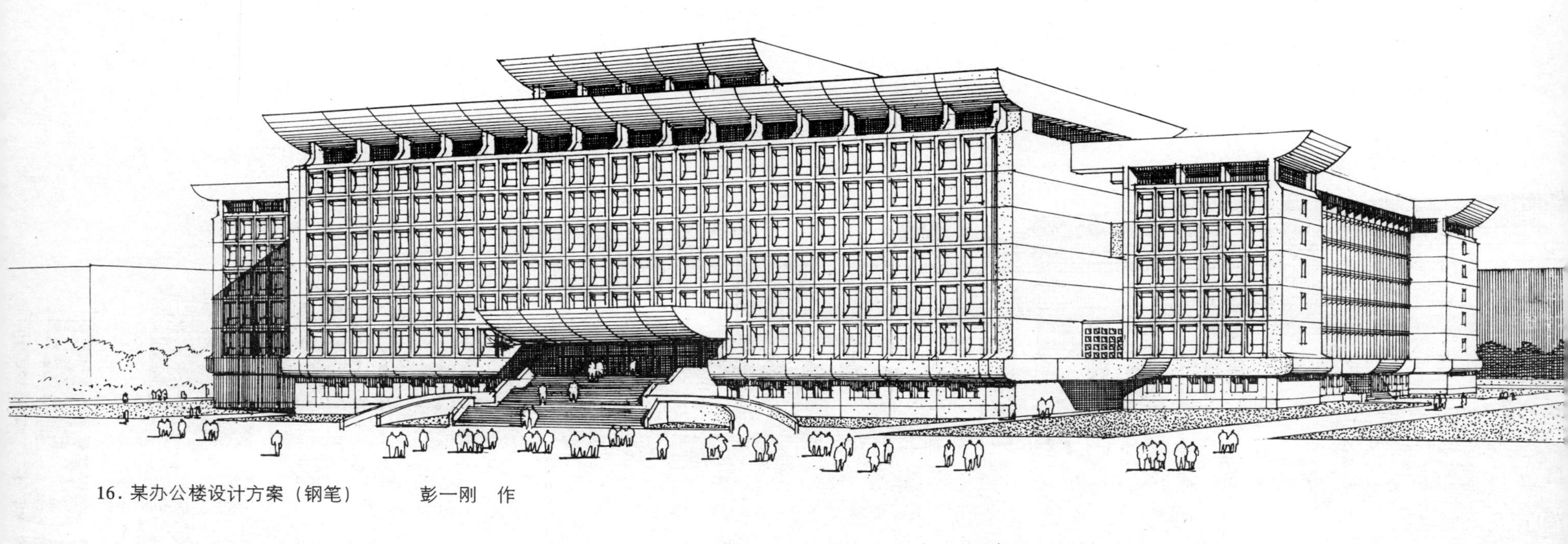

16. 某办公楼设计方案（钢笔）　　彭一刚　作

17. 某纪念碑设计方案（塑料笔）　　彭一刚　作

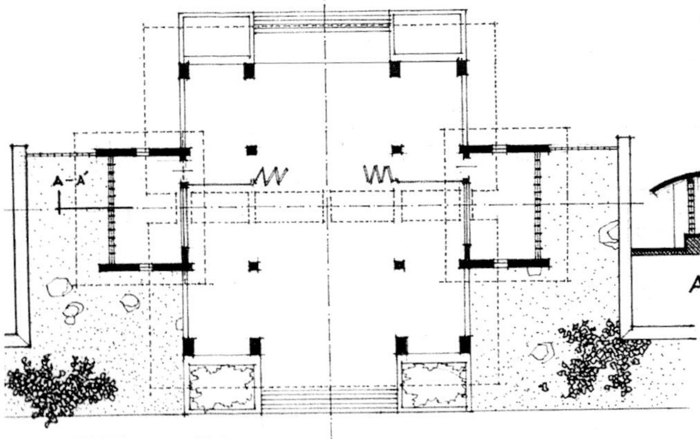

# 漳浦县西湖公园主要入口方案设计四

**DESIGN FOR THE ENTRANCE OF WEST LAKE PARK·ZHANGPU**

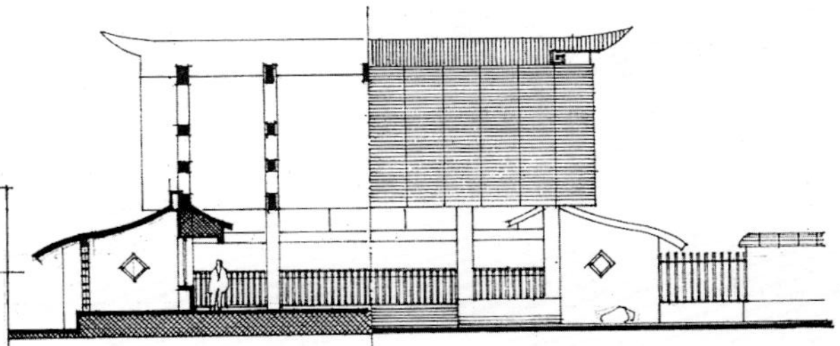

A-A 剖面图 1/150

正立面图 1/150

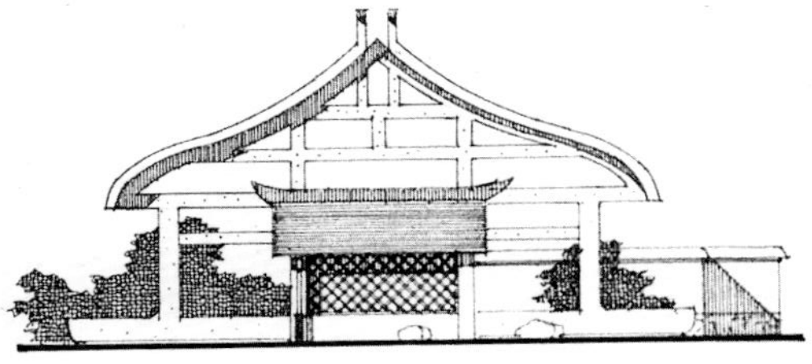

侧立面图 1/150

平面图 1/150

某公园大门设计方案（钢笔）　　彭 刚 作

19. 北洋大学纪念亭设计方案（钢笔）　　彭一刚　作

20．某高层写字楼设计方案（钢笔）　　　彭一刚　作

1976.7.28
唐山地震博物馆
EARTHQUARE MUSEUM
TONGSHAN

唐山地震博物馆方案设计
SCHEME DESIGN FOR THE EARTHQUARE MUSEUM
TONGSHAN. 1976.7.28.

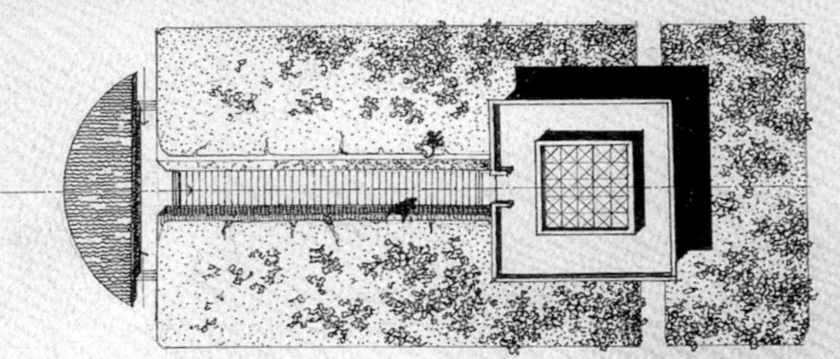

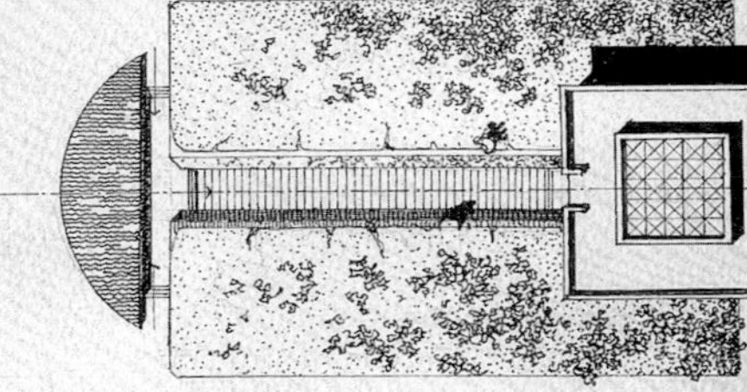

总平面图

21. 唐山地震博物馆设计方案（钢笔）　　彭一刚　作

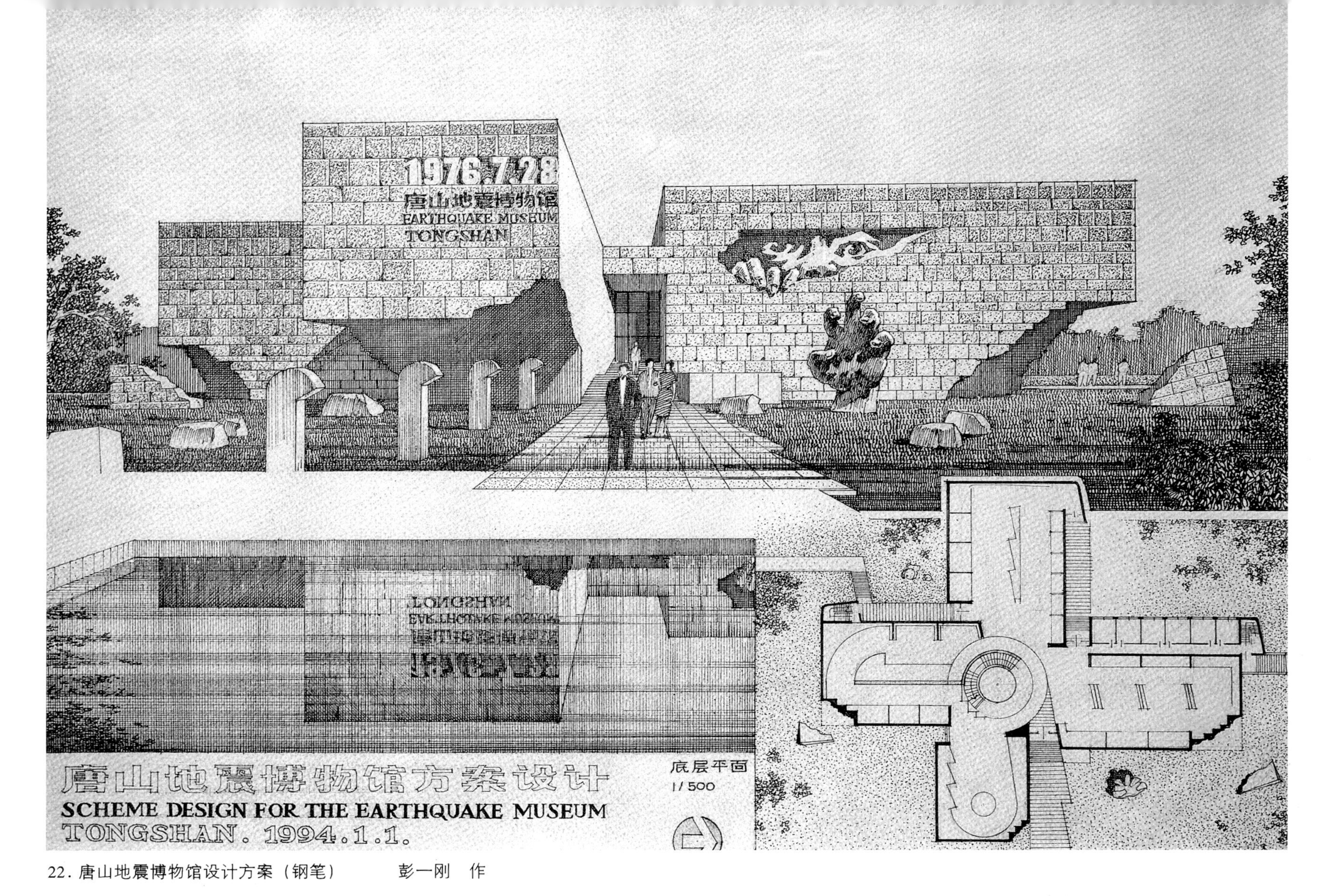


22. 唐山地震博物馆设计方案（钢笔）　　彭一刚　作

23. 某公园景点设计方案（咖啡色铅笔）　　彭一刚　作

24. 某公园内山庄设计方案（咖啡色铅笔）　彭一刚　作

25. 某公园餐厅设计方案（咖啡色铅笔）　　彭一刚　作

26. 某公园内山庄设计方案（咖啡色铅笔）　　　彭一刚　作

27. 某公园制高点设计方案（咖啡色铅笔）　　　彭一刚　作

28．某公园景点设计方案（咖啡色铅笔）　彭一刚　作

29. 某公园景点设计方案（咖啡色铅笔）　　彭一刚　作

30．某公园景点设计方案（咖啡色铅笔）　　彭一刚　作

31．某风景区度假村设计方案（咖啡色铅笔）　　彭一刚　作

32．某风景区山庄设计方案（咖啡色铅笔）　　　彭一刚　作

33. 某风景区入口设计方案（咖啡色铅笔）　　彭一刚　作

34. 某风景区宾馆设计方案（咖啡色铅笔）　　彭一刚　作

35. 某大学校园雕塑小品设计方案（咖啡色钢笔）　　彭一刚　作

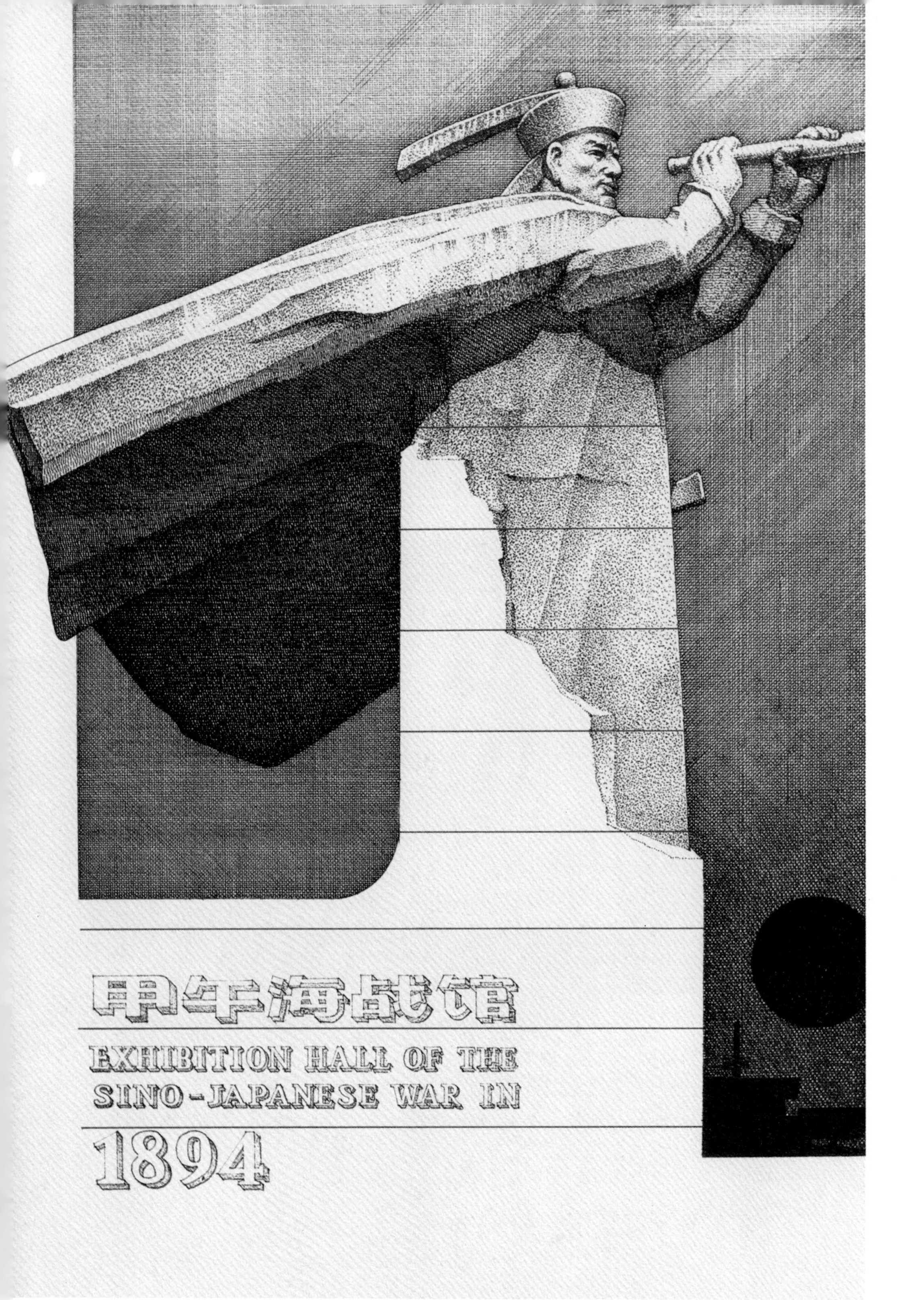


36. 甲午海战馆雕塑造型设计方案（咖啡色钢笔）　　彭一刚　作

37. 青岛某宾馆设计方案（咖啡色钢笔）　　　彭一刚　作

38. 某公园入口大门设计方案（咖啡色钢笔）　　　彭一刚　作

西立面图 1/200

漳浦西湖公园景点设计

LANDSCAP ARCHITECTURAL DESIGN
FOR THE WEST-LAKE PARK. ZHANG-PU.

39. 某公园游船码头设计方案（咖啡色钢笔）　　彭一刚　作

40. 某办公楼室内设计方案（咖啡色钢笔）　　彭一刚　作

41. 某办公楼室内设计方案（咖啡色钢笔）　　彭一刚　作

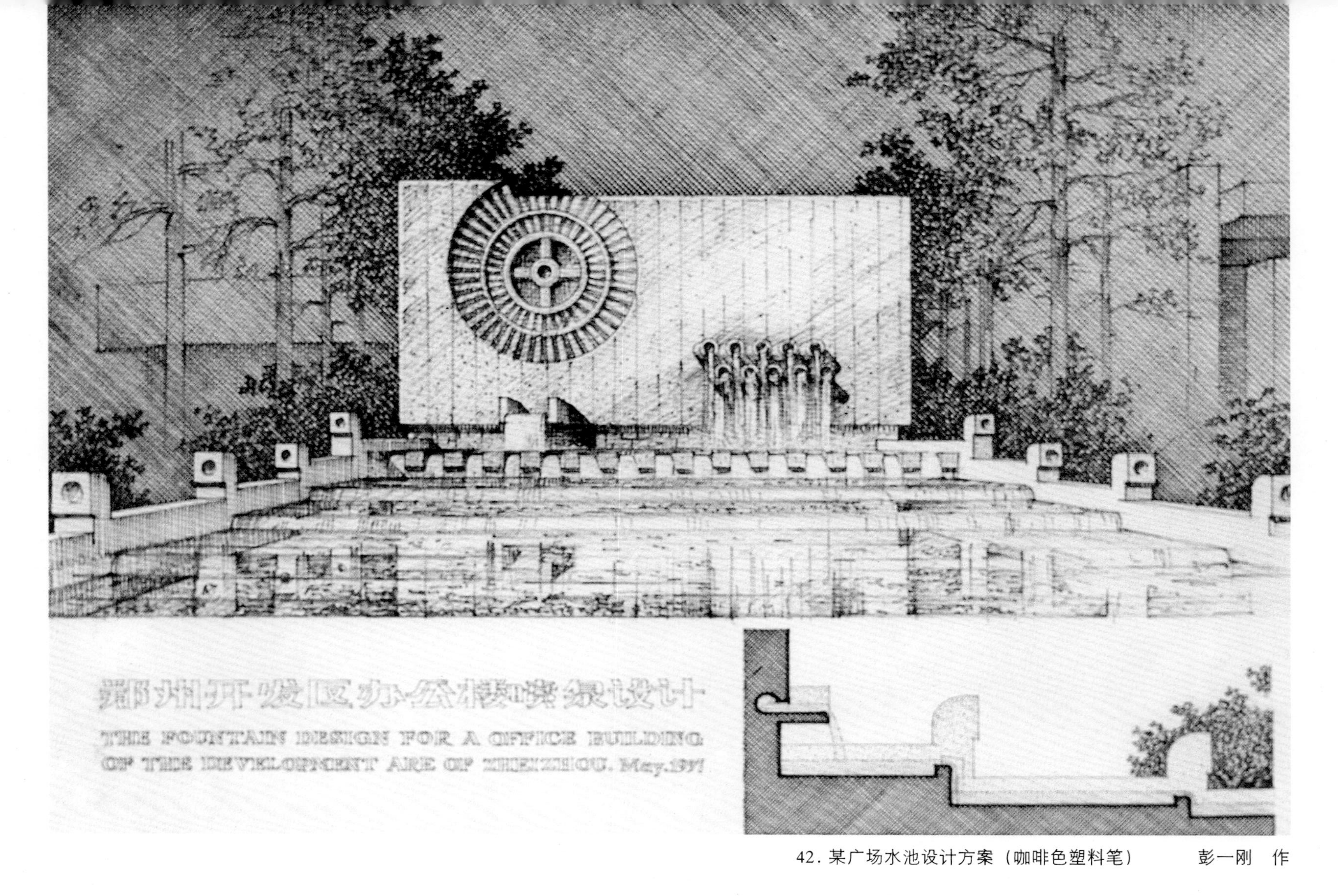


42. 某广场水池设计方案（咖啡色塑料笔）　　彭一刚　作

43．某写字楼室内设计方案（咖啡色塑料笔）　　彭一刚　作

44. 天津熊猫馆设计方案（单色渲染）　　彭一刚　作

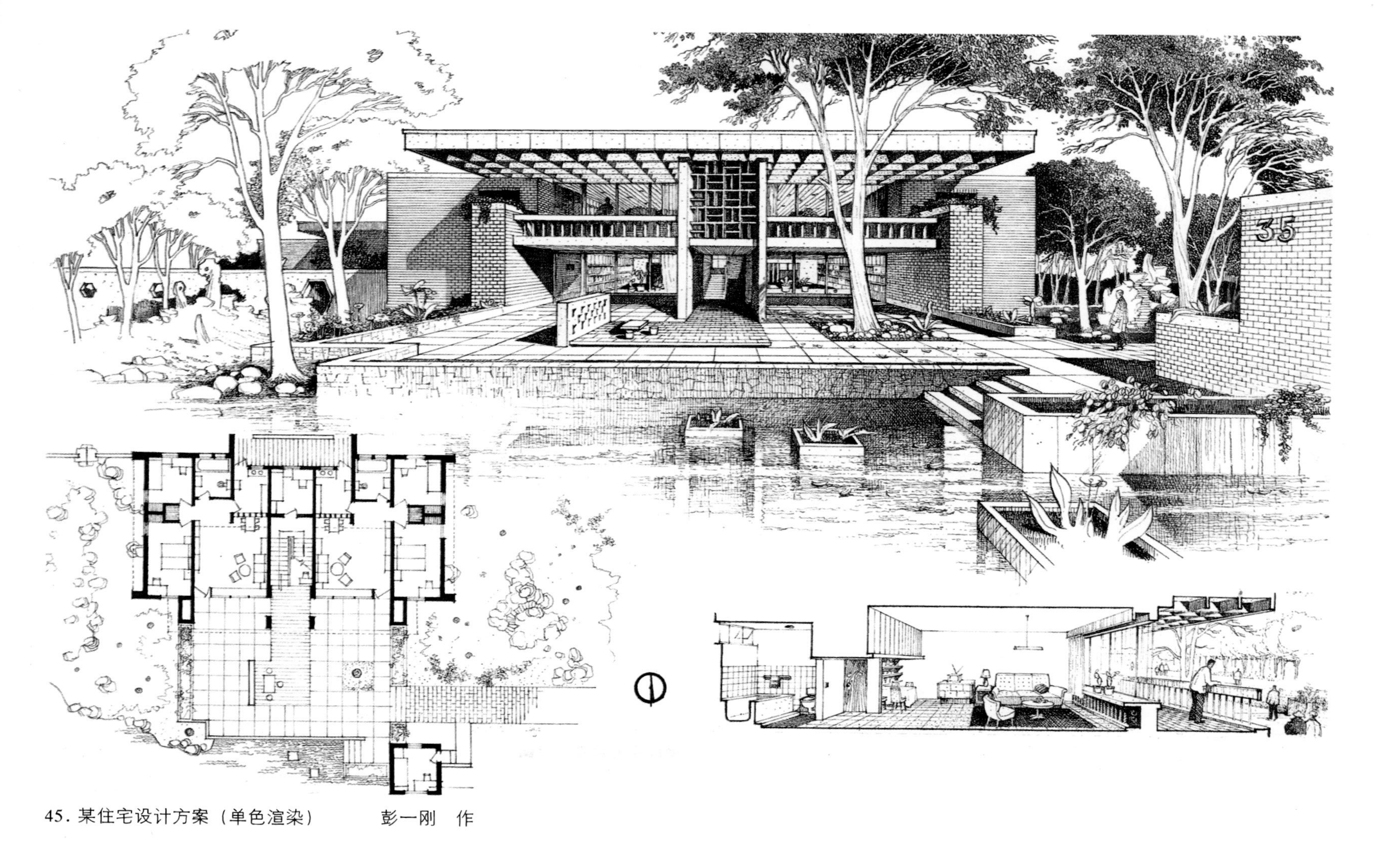


45. 某住宅设计方案（单色渲染）　　彭一刚　作

46. 某古亭设计方案（水彩渲染）　　彭一刚　作

47. 某古亭设计方案（水彩渲染）　彭一刚　作

48. 故宫太和殿（水彩渲染）　彭一刚　作

49. 天津静园入口大门（水彩渲染）　　彭一刚　作

50. 中国历史博物馆局部（水彩渲染）　　　彭一刚　作

51. 某文化馆办公楼设计方案（水彩渲染）　　彭一刚　作

52. 抗美援朝纪念馆设计方案（水彩渲染）　　彭一刚　作

53. 某公园茶室设计方案（水彩）　　彭一刚　作

54. 某游乐中心设计方案（水彩）　　彭一刚　作

55. 某居室室内设计方案（水彩）　彭一刚　作

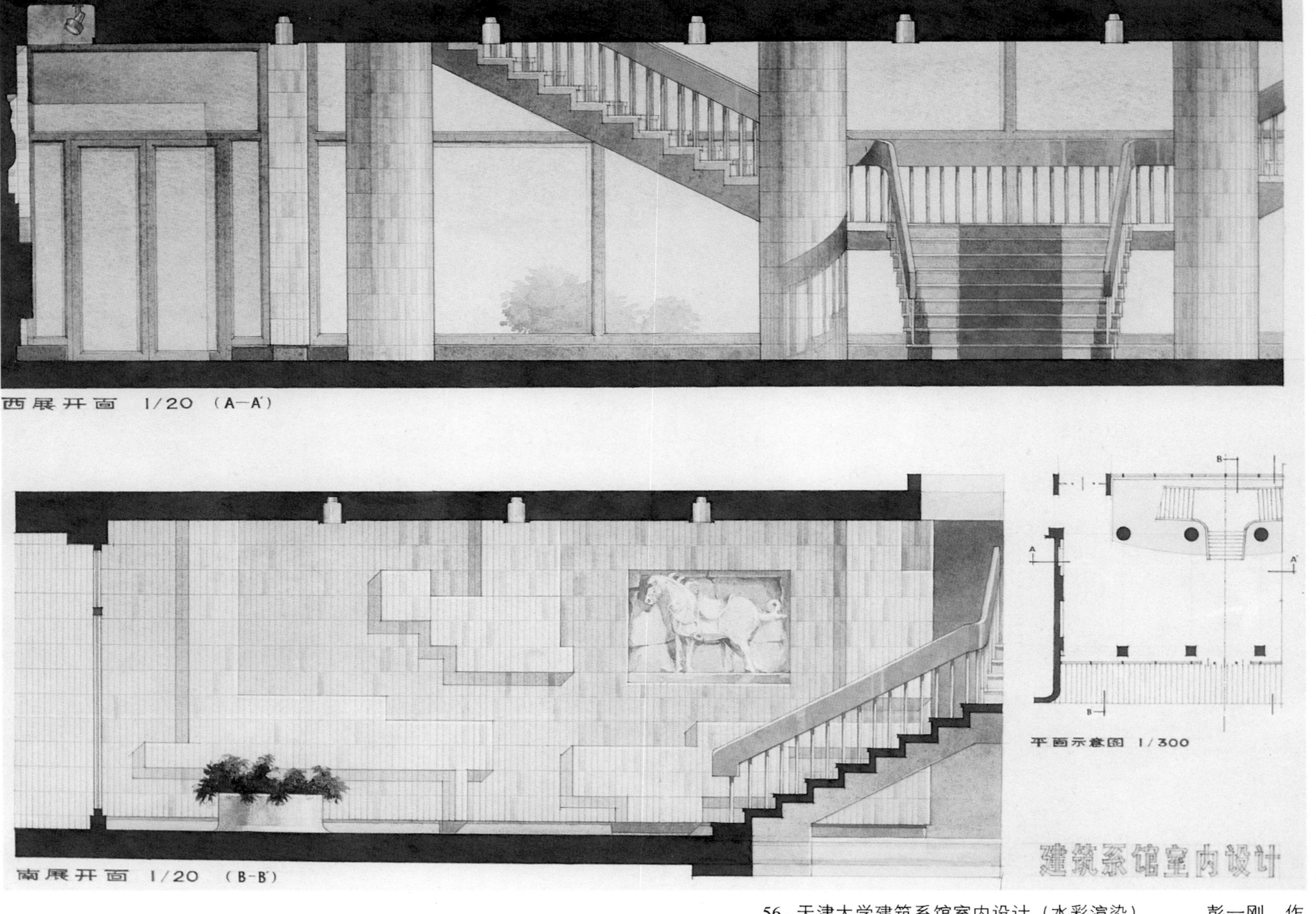


56. 天津大学建筑系馆室内设计（水彩渲染）　　彭一刚　作

57. 天安门（水粉）　　　彭一刚　作

58. 北海白塔（水粉）　　彭一刚　作

59. 景山（水粉）　　彭一刚　作

60. 某科技馆设计方案（水粉） 蔡 明 作

61. 某地震博物馆设计方案（水粉）　　章又新　作

62. 某政府办公楼设计方案（水粉）　　章又新　作

# 甲午海战馆方案设计

DESIGN FOR EXHIBITION OF SINO-JAPANESE WAR IN 1894

63. 甲午海战馆设计方案（水粉）　　章又新　作

64. 北洋大学纪念亭设计方案（水粉）　章又新　作

65. 某室内设计方案（水粉）　　章又新　作

66. 某室内设计方案（水粉）　　章又新　作

67. 某室内设计方案（水粉）　　章又新　作

68. 唐山地震历险城景点设计方案（彩色铅笔）　　彭一刚　作

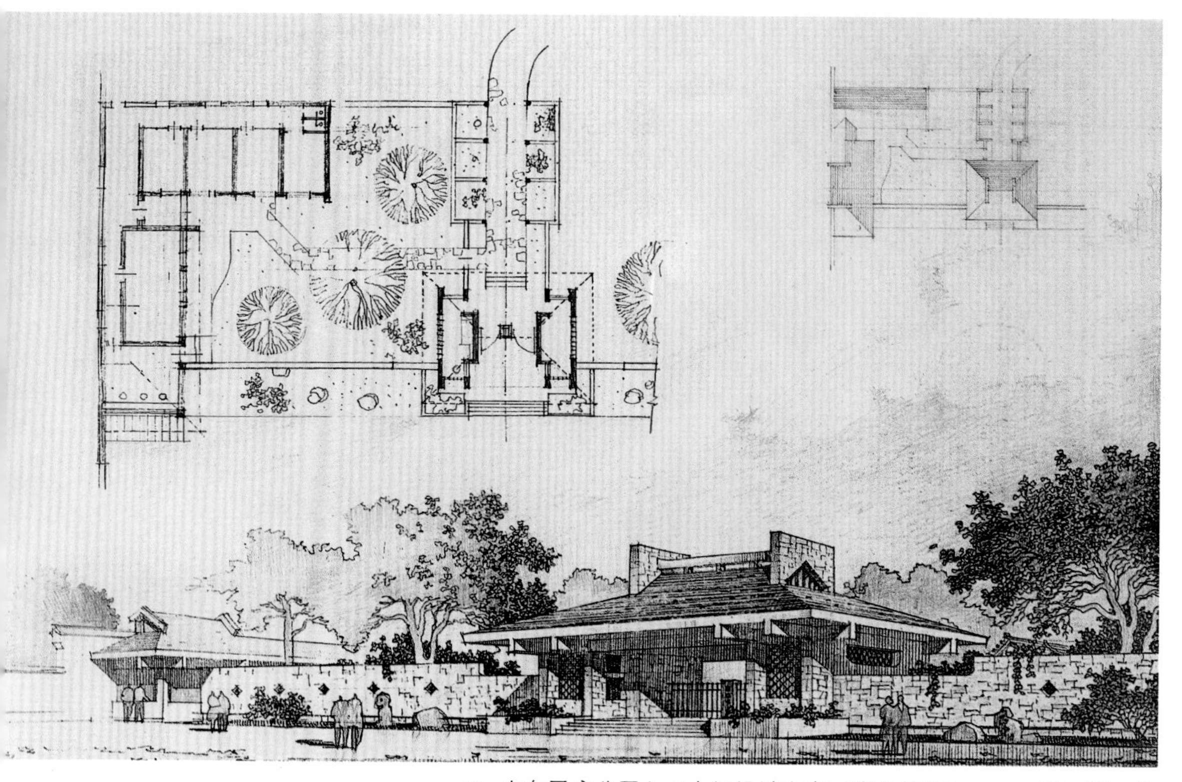

69. 山东平度公园入口大门设计方案（彩色铅笔）　　彭一刚　作

70. 昆明野鸭湖风景区入口设计方案（彩色铅笔）　　彭一刚　作

71. 某纪念馆设计方案（彩色铅笔）　　　彭一刚　作

72. 某纪念馆设计方案（彩色铅笔）　　　彭一刚　作

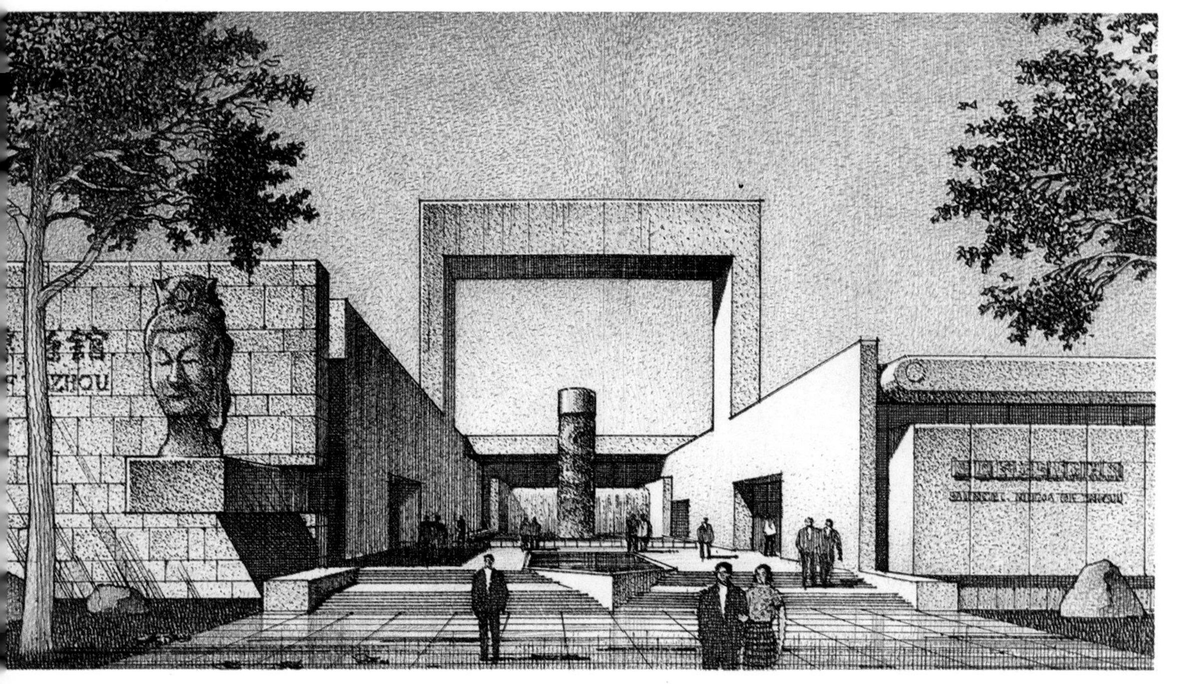

73. 某博物馆设计方案（彩色铅笔）　　彭一刚　作

74. 山东故土园设计方案（彩色铅笔）　　彭一刚　作

75. 青岛帆船、帆板活动中心设计方案（彩色铅笔）　　彭一刚　作

76. 青岛帆船、帆板活动中心设计方案（彩色铅笔）　　彭一刚　作

77. 国家自然科学基金委员会办公楼设计方案（彩色铅笔）　　　彭一刚　吴晓敏　作

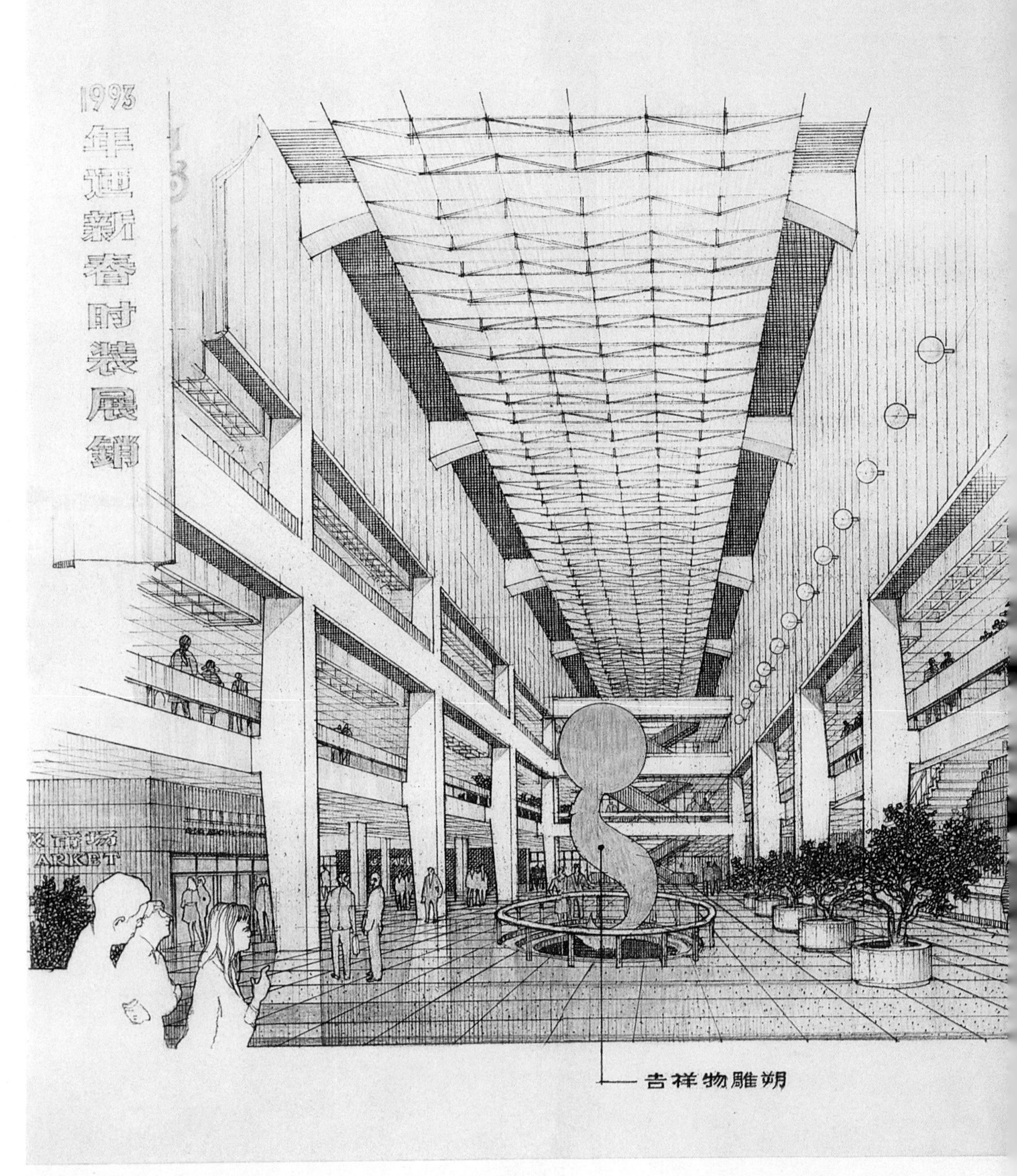


78. 某室内设计方案（彩色铅笔）　　彭一刚　作

79. 某室内设计方案（彩色铅笔）　彭一刚　作

80. 北洋大学纪念亭设计方案（彩色铅笔）　　彭一刚　作

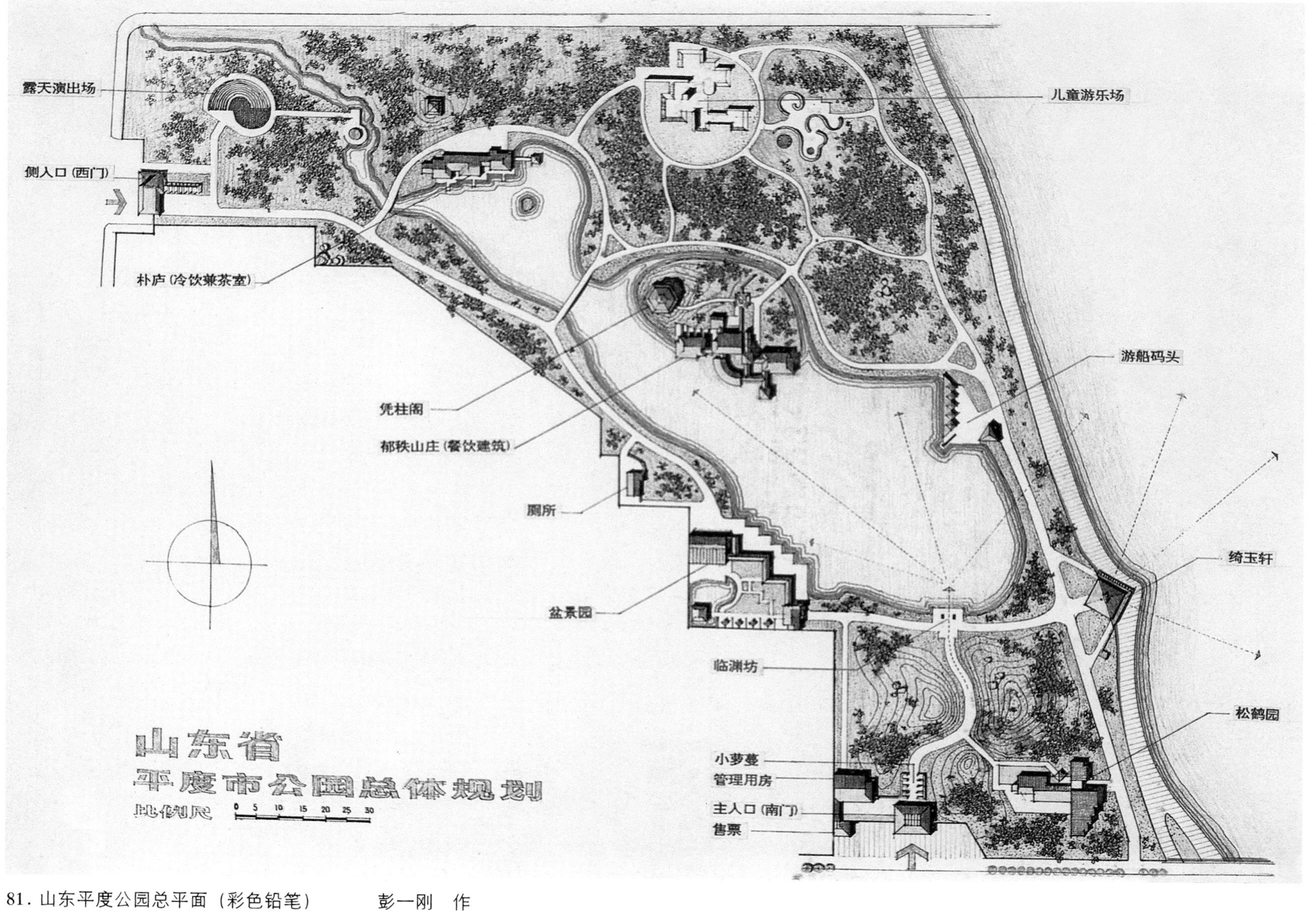


81．山东平度公园总平面（彩色铅笔）　彭一刚　作

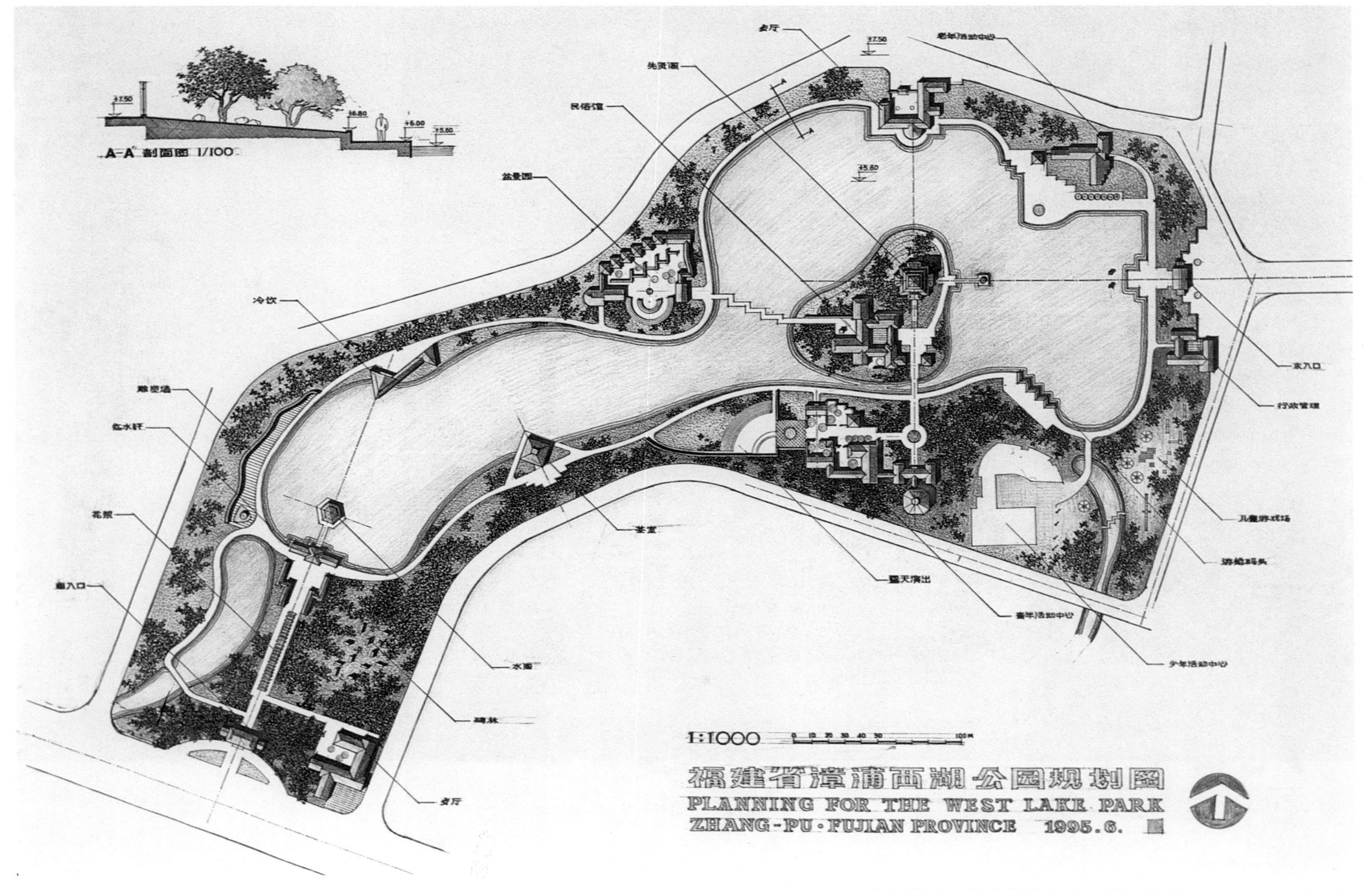


82. 福建漳浦西湖公园总平面（彩色铅笔） 彭一刚 作

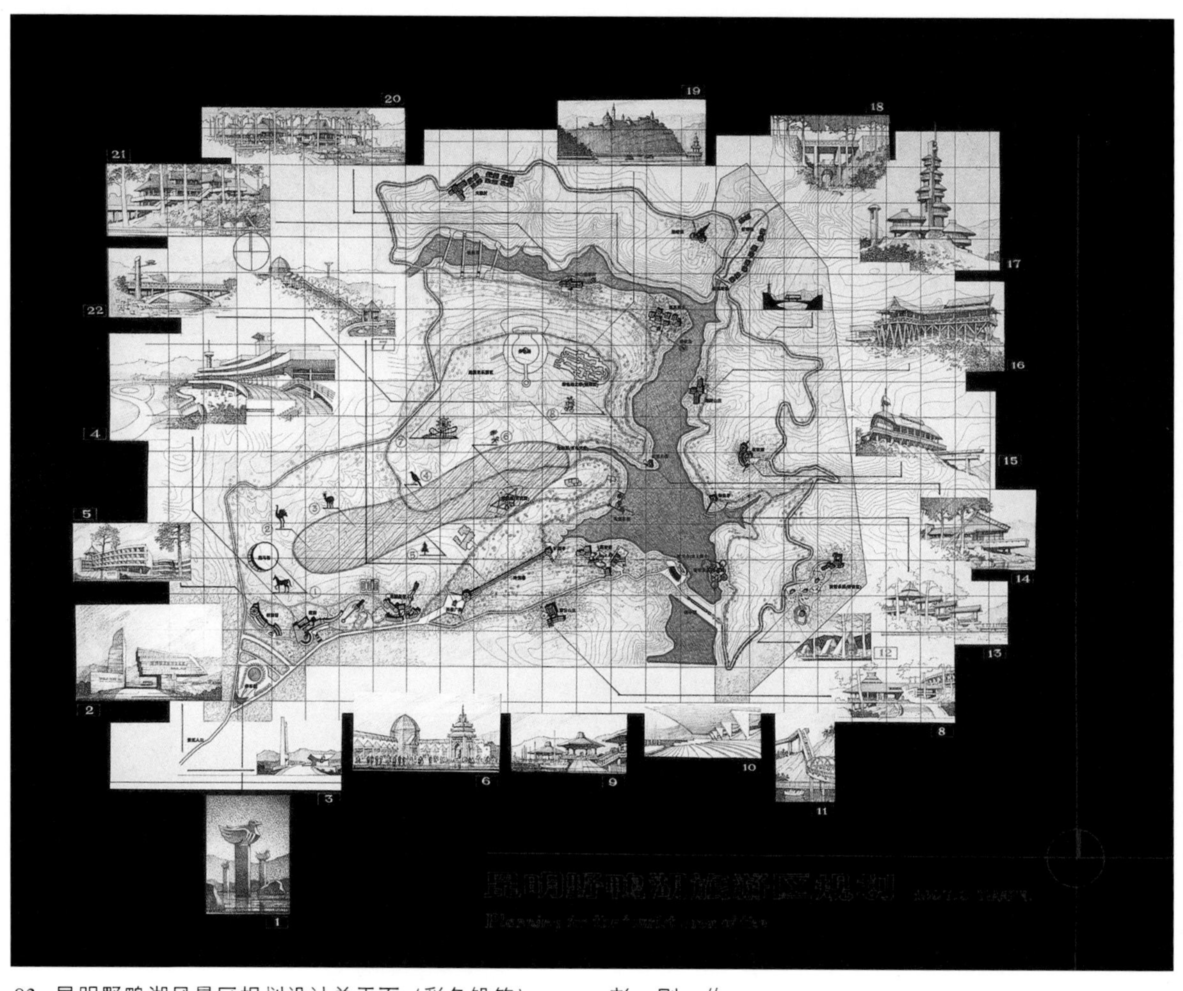

83. 昆明野鸭湖风景区规划设计总平面（彩色铅笔）　　　彭一刚　作

84. 唐山地震历险城入口景点设计草图（彩色塑料笔） 彭一刚 作

85. 唐山地震历险城设计方案草图（彩色塑料笔）　　彭一刚　作

86. 唐山地震历险城设计方案草图（彩色塑料笔）　　彭一刚　作

87. 某室内设计草图（彩色塑料笔）　　　彭一刚　作

88. 福建漳浦西湖公园景点设计方案（彩色塑料笔）　　彭一刚　作

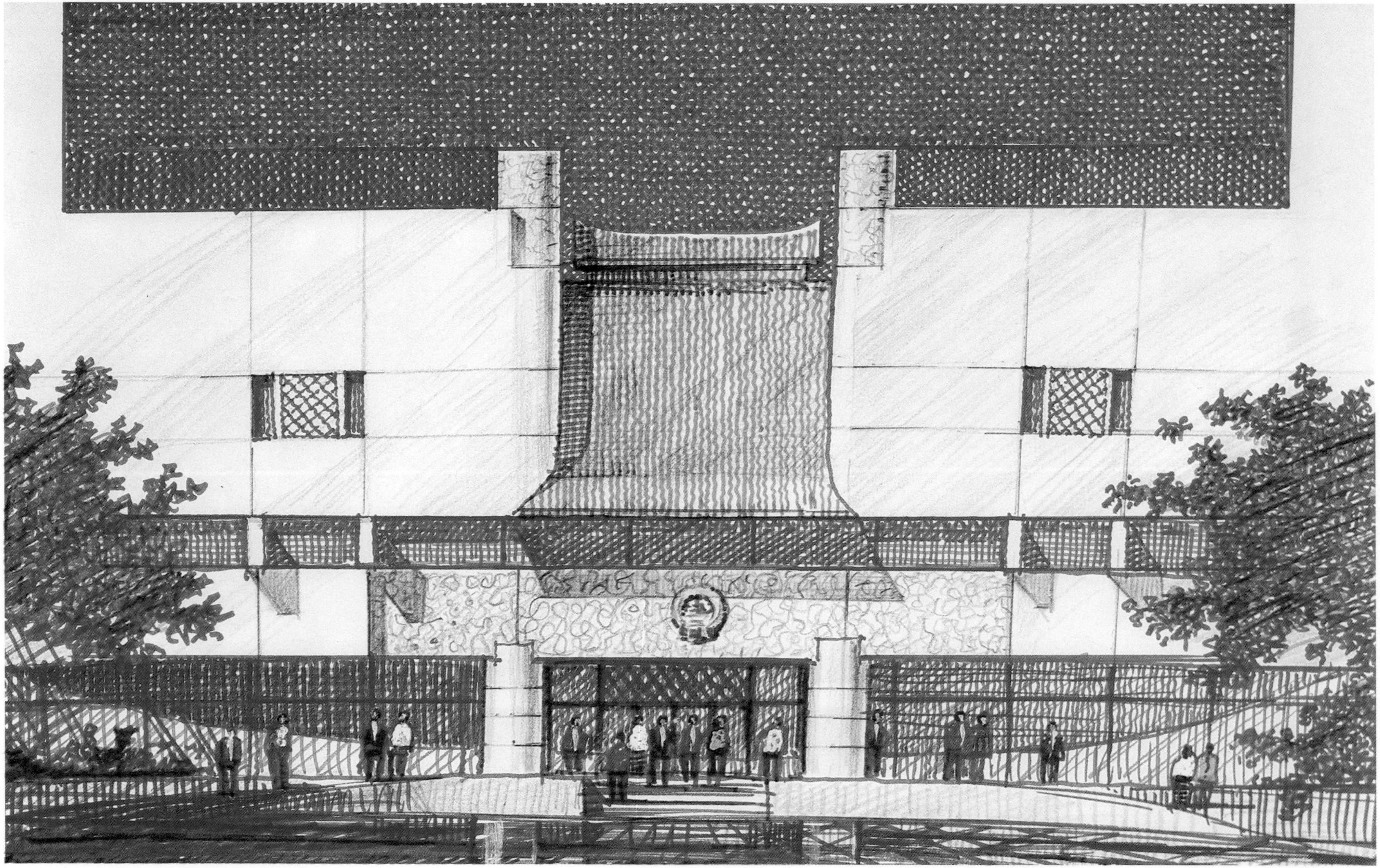

89．某驻外商务办公楼入口设计方案（彩色塑料笔） 彭一刚 作

90．北洋大学纪念亭设计方案（彩色塑料笔）　　彭一刚　作